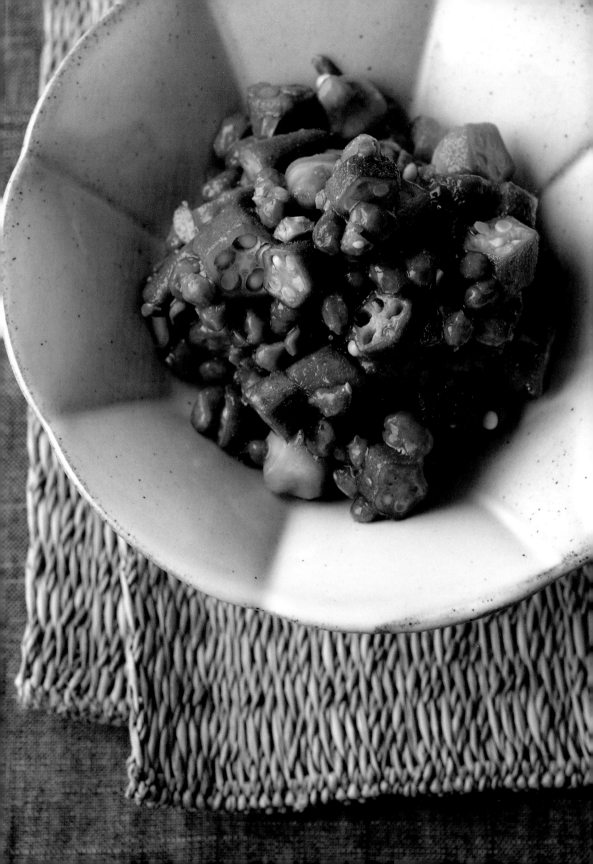

自序

2013 年 9 月,当走进东京羽田机场大厅时,我感觉脚步有点沉重,也许是因为行李太重,又或者,是情绪太复杂。思绪一重又一重地向我袭来,有期许,也有忐忑,有盼望,也有不安。即将开始的蓝带厨艺学校的密集研修一定不轻松,我深深地了解,也知道这将考验我状况不佳的身体与较差的体力。选择来东京研修有许多因素,然而,对我来说最大的诱因是,我相信,在东京生活一定可以"顺便"深入研习我喜爱的日式家常菜,也可烹调一直以来想用的日本当地当季食材。

出发前,我完全无法想象自己将有什么机会、会遇到什么样的人。在蓝带厨艺学校的研修愈趋紧凑,从中级后期开始,我心里虽然惦记这件事(那时只有两次机会进入日本妈妈的厨房学习家常菜,其一为本书中的松浦妈妈),却再也无力思虑这件"顺便"想做的事。当时,我觉得自己的心理与身体状况可以顺利撑到毕业就好。拿到毕业证书的隔天,我放任自己赖床,然后找出前天才拿到的一张名片,发了一封电邮,留下了我的联络方式。友人收到后邀我一起餐叙,听了我的心愿后,就帮我联络她认识的主厨。几乎与此同时,在名古屋的好友也发来信息,说她母亲想邀请我到名古屋一起过年。另外,我还回复了在东京为中国台湾的妈妈们授课的信息。这些事件在毕业后的三天内接连发生,当时我完全没想到,因为这些联系,自己将展开一段奇妙的旅程。

有了这些机缘,我得以进入普通日本家庭的厨房,开始与人对话,聆听食材的故事,拿起菜刀实作,品尝并用心记忆每一种属于日本母亲传承

的家庭味道。能开启这一段神奇的旅行，有的是缘于十几年的情分，有的单纯出于友谊，有的因为看重我身为料理老师的角色。无论出于何种原因，我都特别感谢这些看重我的人，在我追求料理精进的路上，试着看透料理风景时，他们每个人都为我付出了一些东西。他们的信任充实了我在日本的料理生活，因为他们的付出，我所得到的不只是料理的深刻轮廓，更为我踽踽独行的日本生活平添了笃定的滋味。

"'吃'是文化，'料理'是艺术，'味道'则是修养"，这是京都料理家智子老师从她的法国主厨身上学到的饮食哲学。读完本书，进入厨房实作，细细品味口中的微妙与纤致，由食物渲染出的丰富层次也许能让你明白这句话的真义。

谢谢旅途中为我付出的所有人，这些学习的片段让日常料理更具韵味，让普通食材饱含情谊。

Joyce

3

目 录

料理文化——关东V.S.关西

日本料理从菜肴成色、味道、调味与文化背景来看，可概分为关东料理与关西料理。关东指的是日本最大岛本州岛的中部偏东北地区，以东京为主，包含与其邻近的六个县；关西也称为近畿地区，位于本州岛的中西部，包括京都府、大阪府与邻近五县的区域。

日本料理大致分为这两个流派，其主要的区别在于高汤的不同，而高汤及地理关系连带着影响其所使用的调味料，如酱油。

高汤是为了配合食物或食材所产生的。日本的家庭料理自古即以鱼为主食，关东地区常见的鱼是北方洄游的鲣鱼，为了配合红肉的鲣鱼，关东地区的料理调味较为浓厚。关西的餐桌上常见的则是属于白肉的鲷鱼，因此调味趋于清淡。为了配合红肉鱼或白肉鱼，高汤出现浓厚与清淡两种不

同的概分法。另外，昆布的使用与否也使得两地的高汤风味不同。关东地区以柴鱼高汤为主，而关西地区则以昆布高汤为代表，或者是昆布加柴鱼的高汤，这是因为关西地区从江户时代[1]起就因大阪港口的关系，能买到北海道所产的昆布。

昆布除了影响基本的高汤料理文化，也因此而生产了颜色较淡、于制作时加了酒、发酵期较短的淡口酱油。浓口酱油主要生产于关东一带或东北地方，是关东最常见也是日常使用最多的酱油。浓口酱油的香气与色泽都较淡口酱油强烈，适合做柴鱼高汤或以红肉鱼为主的关东料理。反观关西，因为淡口酱油的颜色与香气并不强烈，对讲究食材原味的关西料理来说，淡口酱油不只因产地制造，更因其清淡

1　江户时代为公元 1603~1867 年，又称德川时代。

6

的特点而在关西地区广受喜爱。关于关东与关西的料理文化，日本有一句话是这样说的："关东是酱油文化，关西是高汤文化。"

从文化及历史因素观察，江户时代，幕府将军及多数武士居住在东京，他们的运动量大，在料理上往往喜爱放较多的盐或酱油，由此料理味道咸重、风味浓厚成为关东的传统与习惯。当时，关西的京都多为贵族，他们养尊处优，运动量少，所以喜欢清淡健康、口感软嫩的食物。在料理上，贵族除了追求美味，也追求极致美感，故关西料理注重菜肴的美观与颜色，因此，高汤与淡口酱油成为主流。日本的考古研究发现，江户时代的京都贵族，脸部颚关节至下巴都较为细长，显示关西当时的饮食文化是"吃软不吃硬"。江户时代因地理关系、食材取得、社会文化所影响的饮食习惯沿袭至今，使得日本的饮食及其饮食文化分为东西两大派。

由以上各点观察，关东和关西的料理最大的不同是基础调味，一是酱油，一是高汤。从大众化料理来看，东京地区的酱油拉面和大阪以高汤为主体的乌龙汤面广受欢迎。不过，现今因交通便利而打破了地域上的限制，在大城市都可品尝到日本各地料理。在向这些日本当地的妈妈或料理家学习家常料理的时候，我能深刻感受到关东和关西地区在调味上的不同，即使是烹调方式一样的料理，因为调味方式的差异，而会有相去甚远的味觉体验。

主菜摆中间

米饭在左

热汤在右

定食的摆放位置

日式家常料理经常以套餐形式上菜，家中有几口人，就上几套菜。在摆放套餐餐具时，米饭在左，热汤在右，筷子则放在中间靠近用餐者的正前方，筷架在左，筷子尖端朝左边横向摆放。至于主菜，则通常摆在正中间的位置，其他副菜的位置比较随意。在本书的照片中，套餐料理因摄影画面构图或角度取景之故，没有依循上述的规则摆放。

料理

之前

日式料理常见的蔬菜

1 日本甜栗南瓜·くりなんきん

　　日本甜栗南瓜因其品尝时有栗子的香味而得名，外皮为深绿色，果肉呈鲜亮的土黄色。日本料理中的南瓜通常连皮一起入菜，只要把表皮粗硬的蒂结部分削除即可。如果把甜栗南瓜烹煮得恰如其分，口感会既松绵又酥糯，一入口就更像是在吃栗子了。

2 小松菜·コマツナ

　　住在东京或旅居日本其他地方时，我发现日本的叶菜种类与中国台湾相比真是少得可怜。小松菜在日本属常见的蔬菜，最早在日本东京都附近的小松川栽种，因而得名。小松菜是日本料理中大量使用的叶菜类蔬菜，现今中国台湾也有种植，在超市就能买到。早期，小松菜多为关东地区使

左侧竖排：料理之前

用，关西地区则喜用大阪白菜、菠菜等。后来交通逐渐发达，因小松菜栽种容易，加上其料理成色比大阪白菜漂亮，故现今在关西地区使用也非常普遍。

3　鸭儿芹·ミツバ

鸭儿芹也就是山芹菜，属于香味蔬菜，角色如台菜料理中的香菜。如果说香菜的香味野性而奔放，那么鸭儿芹的香味则细致而隽雅，为料理带来一缕清香，不抢其主味却又保有自身的优雅韵味，为清淡的日式料理中的最佳配角。

4　青紫苏·青じそ　大叶

青紫苏也是日式料理中的香味蔬菜，在日式料理中经常见到它。紫苏香气清新爽口，是开胃的良方。虽然在日本的每个超市一定能买得到，但在中国台湾，只有日系超市才有，因为他们进口的青紫苏价格太高。我所种植的香草盆栽中经常有一盆青紫苏，当作料理的备用食材。如在花市购买，请选绿色而非紫色的青紫苏盆栽。

5　日本小葱·ネギ

乍看之下，日本小葱长得很像营养不良的中国台湾青葱，通体细小，长度也只有中国台湾青葱的一半，虽有葱味，但极淡。小葱的使用通常为药味[1]盘中的各种药味之一，常作为汤品的搭配，与肉类搭配可除腥味，也可当成沙拉凉拌，日本人极喜爱的葱味噌即以小葱制作而成。

6　日本大葱·白ネギ

日本人很少生吃大葱，它常常被当作一种蔬菜来烹煮。大葱耐煮，烹调后甜味鲜明。有时大葱被当成配角，但一入口，它也可与主角平起平坐，由此可见大葱的存在感。2013年过农历年时，我惊喜地在中国台湾传统市场发现大葱，老板娘说只有过年前后才会出货，一直到三四月。我依然可在进口超市发现中国台湾种植的大葱，如果不是盛产的季节，则可在日系超市购得。在日本，大葱的应用多见于火锅、寿喜烧，或烘烤的单品料理。

7　茗荷·ミョウガ

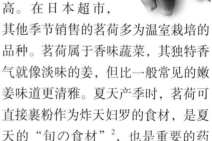

属于姜的一种，夏天的产量达到最高。在日本超市，其他季节销售的茗荷多为温室栽培的品种。茗荷属于香味蔬菜，其独特香气就像淡味的姜，但比一般常见的嫩姜味道更清雅。夏天产季时，茗荷可直接裹粉作为炸天妇罗的食材，是夏天的"旬の食材"[2]，也是重要的药味之一。

1　药味：日文中的"药味（やくみ）"是与料理一起搭配的辛香料或提味食材，比如中国台湾料理汤品中的葱花或是鱼汤的姜丝，这些都称为药味，作为药味的食材多为香味蔬菜。

2　旬（しゅん）为当季之意，"旬の食材"即为当季的食材。

2 高野豆腐・こうやどうふ高野豆腐

　　将冻豆腐完全除掉水分干燥保存而成的食品。使用时，只要将其浸泡于水中，使其恢复原本状态即可。在中国台湾的日系超市可购得。

3 木绵豆腐・もめんどうふ木绵豆腐

　　制作木绵豆腐时，将豆浆放入铺有木绵布的箱子中压制而成形，因此豆腐完成后，豆腐外表会印有木绵布特有的网眼纹。木绵豆腐因压出的水分多，故口感较扎实。如需要日式木绵豆腐，我通常到台北的太平洋崇光百货超市购买。

4 绢豆腐・きぬごしどうふ绢豆腐

　　绢豆腐的制作跟木绵豆腐相反，它没有被放入箱子中压制与脱水，保有原本的水分，所以质地细致如绢丝并因此得名。京都因水质好而闻名，故以京都软水所制作的豆腐类产品广受日本人喜爱。

日式料理常见的食材

1 油豆腐皮
油揚げ（あぶらあげ）或 薄揚げ

　　将木绵豆腐切片，放入油锅中以 110℃~120℃ 低温油炸，起锅前再以高温二次炸，即为油豆腐皮。品质好的油豆腐皮是以好吃的豆腐（不切太薄）油炸制成，最适合拿来做豆皮寿司。日本好友说，如果买到品质不佳、不是那么厚的油豆腐皮，常常拿来拌入沙拉，以柚子醋调味食用。油豆腐皮的料理常见于关西地区。

5 干燥汤叶・干し汤叶

　　汤叶就是豆腐皮，其制作方法是

将豆浆放入方形金属盘中，下用细火慢慢加热，但豆浆表面平静无波，静置一段时间，豆浆表面形成薄膜，将豆浆薄膜晾干即为汤叶。自然干燥的汤叶制品可长时间保存，故后来旅日时总会买一些带回，当作备用食材。

1　海带芽 · わかめ

　　干燥海带芽也是我日常保存的食品。根据研究，长期食用海带芽能预防心血管疾病，干燥海带芽在烹调前需先泡水，但不可过久，免得过于软化而失了口感。春天的日本超市会有新鲜的海带芽，稍微干燥后以盐巴略腌，颜色暗绿，不同于完全干燥的品质，这种新鲜的海带芽最适合凉拌，口感最嫩。

2　柚子皮 · ゆず皮

　　日本的黄色小柚子，其柚子皮在日本料理中占有重要的"香气"地位。需要柚子的香气时，取小小一片放入菜肴中，除了增色之外，最重要

的就是取它的独特香气。在中国台湾很难得到新鲜的日本柚子，可于进口超市购买干燥柚子皮或用柚子粉代替。柚子皮经常用于制作清汤。

3　白味噌 · しろみそ

　　关西地区主要使用的味噌，属于低盐偏甜的口味。古早时候的京都，味噌都是自家制作，一般在市面上并不贩卖，时至今日，还有这种少量手工制作的味噌，被称为"手前味噌"，在京都较常见。

4　羊栖菜 · ひじき

　　羊栖菜是一种海藻，日本人心中的健康养生食物。在中国台湾的进口超市均可买到干燥的羊栖菜，使用前先用水泡软即可。这是日本家庭最常见的常备食材。

5　八丁味噌 · はっちょうみそ

　　名古屋特有食材的代表，颜色极深，近乎暗咖啡色，味道浓郁，碱度很高。八丁味噌最大的特色与不同是仅以黄豆发酵，不加入米曲或麦曲，再加上长期熟成，所以其甜味，香气与其他味噌不同。

6　磨碎白芝麻 · すりごま

　　江户时代日本人的主食为鱼类，很少食用其他肉类，而芝麻中含有大量油脂，尤其在精进料理（素食料理）中需补充油脂，故经常使用芝麻。也可购买已焙好的白芝麻，在烹调使用前磨碎，这样的香气最佳。台北的日系超市将白芝麻放于研磨罐中出售，顾客买回家可现吃现磨、边吃边磨，这也是一种食趣。

一定要有的调味料

1 **寿司醋・すし酢**

市售已调味，可直接淋于白饭上，使其成为寿司饭的调味醋，是方便料理的必备调料。

2 **味醂・みりん**

日式调味料中，除了酱油之外最重要的一味。味醂是由甜味糯米与曲种酿制而成，酒精含量高，甜度也高，去腥提味效果极佳。日式家常菜中，均使用本味醂，不要买错喔！

3 **生鱼片酱油・さしみしょうゆ**

属于调味的酱油，为生鱼片蘸酱所制作，通常由浓口酱油为基底，各品牌按不同比例添加高汤、日本酒及砂糖等。在中国台湾也可买到。

4 **溜酱油・たまりしょうゆ**

溜酱油的制作非常耗时，在酿造时也不同于其他酱油需要于木桶内搅拌，而是从下而上将下层翻上来，并不搅拌。因为制作到出货耗时三年，故在全日本的酱油销售中仅占2%。

因为原料中的黄豆含量为50%，在酿造过程中，黄豆蛋白质使酱油较为浓稠。颜色深、香味浓郁、汁液浓稠是它的特色，可在中国台湾的日系超市购得。

5 白醋·酢

日本的白醋可细分为谷物醋和米醋，两种风味不尽相同。在中国台湾，日本白醋选择没有这么多，只要使用可买到的日本白醋即可。

6 清酒与料理酒·さけと料理酒

日本清酒以米加上曲种发酵，属于纯米酒。料理酒与清酒最大的不同在于，料理酒中添加了盐、醋等。加了调味料的料理酒可在各地方贩售，不需要有酒类销售执照。料理酒中该加多少比例的调味料，需按日本政府的法律规范。在料理应用上，要加清酒或料理酒均可，不过，目前为止，我还没遇到过使用料理酒的日本人呢！如果购买清酒用于烹调，请选购最便宜的清酒即可。

7 淡口酱油·うすくちしょうゆ

淡口酱油，也称薄口酱油，是关西地区主要使用的酱油，用浅烘焙的小麦酿造，并且在酱油中加入了酒。因为酿造时曲种量放得不如浓口酱油多，故放入较高比例的盐水，其含盐量约18%~19%。色泽与香味较淡是它的特色，在中国台湾的日系超市可购得。

8 黑醋·黒い酢

品质好的日本黑醋是以纯米（或纯糙米）经过长时间的发酵而成，因为熟成时间长达一至三年，故黑醋的醋酸柔和、香醇。日本曾风靡过以喝黑醋减肥及养生的热潮，不妨一试。

9 芝麻油·ごま油

日本芝麻油与中国台湾芝麻油最大的不同是香气浓郁度，中国台湾的香油或黑麻油香味均很强烈，但日本的芝麻油因轻焙之故，香味较为淡雅，适用于清淡的日本料理。

10 白酱油·白しょうゆ

白酱油的制作是以蒸好的小麦加上少数炒过的黄豆一起酿造，酿造的条件为低温且时间不长，属于低发酵的酱油。白酱油的酿造历史不长，最早于江户时代末期在名古屋发明。糖分与盐分都较一般酱油高是白酱油的特色。白酱油使用得不多，产量也很少，仅占日本酱油生产的1%，因颜色很淡，通常是为了保持食材颜色而使用。

11 浓口酱油·こいくちしょうゆ

浓口酱油起源于关东一带，早期是关东地区唯一使用的酱油。如果在关东地区说"酱油"，关东人的认知里只有这一种——浓口酱油。其原料为大豆与小麦各一半，酿造时间比淡口酱油更久，虽然颜色深、香气浓，含盐量却比淡口酱油低，约16%。

特选调味料
提升料理的美味

1 三州三河本格味醂

    爱知县三州三河生产。古早时候均以糯米制作味醂，现今因糯米比米价高，已较少用全糯米制作。三州三河味醂用日本国产减农药的糯米制作，并经两年熟成。因其熟成时间长加上全糯米制作，颜色较一般味醂深许多，除腥与提味效果也很好。

2 九鬼太白胡麻油

    三重县四日市九鬼产业生产。太白纯胡麻油是生胡麻油，其白芝麻完全没有加热烘焙，而是直接压榨，所以无一般芝麻香气与味道，颜色如色拉油的淡金色，是品质精纯的芝麻油，富含多元不饱和脂肪酸与未经加热破坏的养分。因为无特别味道与颜色，所以可以当作像色拉油般在日常使用，也可用于西餐、甜点。日本高级料亭会以此种生胡麻油当作天妇罗专用炸油。

①   ②   ③   ④   ⑤   ⑥   ⑦

3 九鬼白芝麻酱

三重县四日市九鬼产业生产。九鬼所生产的白芝麻酱是去除芝麻外皮研磨而成，生产过程中未添加任何调味料，口感与味道均佳，纯天然的滋味适用于任何料理、甜点；虽然芝麻酱可当主味，但也可以是料理中的"隐味"，如加入咖喱、马铃薯炖肉，甚至是味噌汤中，都会为料理增加主味之外的风味。（隐味是我在创作料理时甚为注意的一个味道，不可抢料理主味，也不是配角香味，是料理入口后，最后能感受到的一丝丝若有似无的风味，我称它为"隐味"。）

4 千鸟醋

京都三条千鸟醋生产。千鸟醋为米醋，除了米，主原料还有日本酒。千鸟醋没有一般白醋的强烈酸气，酸味清爽而温柔、圆润醇和，有深度的酸，与速成醋的呛酸截然不同。它能突显食材本身的优点，如用于海鲜，可提鲜去腥；用于时蔬，则增添不同层次深厚却柔和的酸。日本各大超市或中国台湾日系超市皆可购得。

5 山田芝麻油

京都山田制油生产。山田在制造与生产其油品时，费时冗长，先在大铁锅中炒芝麻。这道步骤会按气温调整，压榨后只取第一道的"一番榨"，只占原重量的3%。一番榨的芝麻油加入热水搅拌，虽然马上过滤可滤出杂质，但山田选择密封后花三个星期沉淀，主要是因为杂质虽可过滤，但杂味会留下，所以费时三周静置，使杂味连同杂质以和纸滤出，之后再以这样的油低温加热后出货。一瓶芝麻油从生产到出货，历时一个月。

6 高汤酱油

香川县镰田酱油生产。在日本当地超市可购得的酱油。在酱油制作过程中，放入昆布与柴鱼片使味道浸染于酱油中，因以淡口酱油做法制作，故这种酱油碱度低、颜色淡，入菜不容易失手，可提升料理的美味程度；在料理应用上，还可将高汤酱油直接加入热水中使其成为快速高汤，不过毕竟是酱油，此种高汤咸味较重。

7 鲁山人酱油

和歌山汤浅酱油生产。以特别的黄豆、小麦、米以及长崎县五岛滩盐来制作酱油。古早传统的酱油在酿造时会使用米，现今几乎无此法。汤浅以传统工艺与手法来制作这款限定酱油。一般淡口酱油需酿造三个月，此酱油虽以淡口酱油配方制作，但人们发现八个月的酿造是最好吃的状态（浓口酱油需时两年），从色泽与碱度来看，鲁山人酱油像浓口酱油，但奇妙的是入口后，其咸味很快消失，在唇齿间只留下香气与甘味。汤浅认为这瓶限定酱油不是淡口酱油，也不是浓口酱油，而是他们创造出的一种新酱油。鲁山人酱油不经过烹调，最能吃出美味，当酱汁直接品尝是最好的方法，如要入料理，则在最后加入，以保持其香气。

日式料理工具

1 玉子烧锅

    日本料理中制作玉子烧通常使用玉子烧锅。玉子烧锅呈长方形，材质不定，按自己的喜好选择即可。我曾使用过特富龙材质的锅，现在使用的为铜制玉子烧锅。

2 煮饭用土锅

    土锅就是砂锅。在我的厨房中有五个土锅，其中四个为大小不同、主要用途为煮汤或炖煮料理的土锅，只有一个土锅（即照片所示）专门用来煮饭。其实一般砂锅也可煮饭，不过这个饭锅因锅体较厚以及锅盖重而密合度高，升温后因锅体厚而保温时间长，锅内的温度高而稳定，煮出的饭特别美味，是我日常使用的饭锅。

3 寿司饭台

寿司饭台是制作寿司饭的工具。在日本所购的饭台通常为杉木材质，木头制作的饭台才能吸收醋饭多余的水分，又不致使其太过干燥，是寿司饭好吃的因素之一。选购饭台时按自己的需求挑大小即可。

4 研磨钵

研磨钵为陶器，在内层部分不上釉，并制造出许多粗糙有凹槽的直纹，主要是研磨食物使用。使用磨钵研磨食物时，不会把食物磨得像细泥般失去口感，不过分破坏纤维，故能保有食材风味，与食物料理机打出来的口感完全不同。使用过后不可放置，需马上清洗，免得食物残渣卡在凹槽内。

5 山椒棒

山椒棒与研磨钵是一组的，研磨棒材质一般多为木制，如讲究的话，当然要使用山椒棒，因为在研磨过程中，会磨出少许木屑，如果是山椒木，除了硬度较高之外，磨出来的也是山椒粉。

6 鬼竹

传统的磨白萝卜的工具，所磨出的白萝卜呈现不规则小颗粒状，边缘粗糙，可吸附更多酱汁或汤汁，因其小粒而维持口感，但大纤维均已被破坏，故让白萝卜粒容易入口。

7 压花模具

日式料理重视季节性与美观，由此衍生出许多装饰用的工具。我喜欢收藏压花模，通常以季节区分收藏，春天时当然用樱花之类的模具，夏天可用叶子形状。代表秋天的模具是我最爱使用的，有许多不同枫叶或银杏模具。

8 竹编沥网

属传统的厨房工具，不只当作滤掉多余汤汁的工具，还经常看到妈妈们把多余的蔬菜放在沥网上，让食材干燥后再做成保存食品。经常使用的食材，如油豆腐皮在烹调前需要用热水烫过，放在竹编沥网上，热水淋下，马上就可使用，是非常方便的工具。

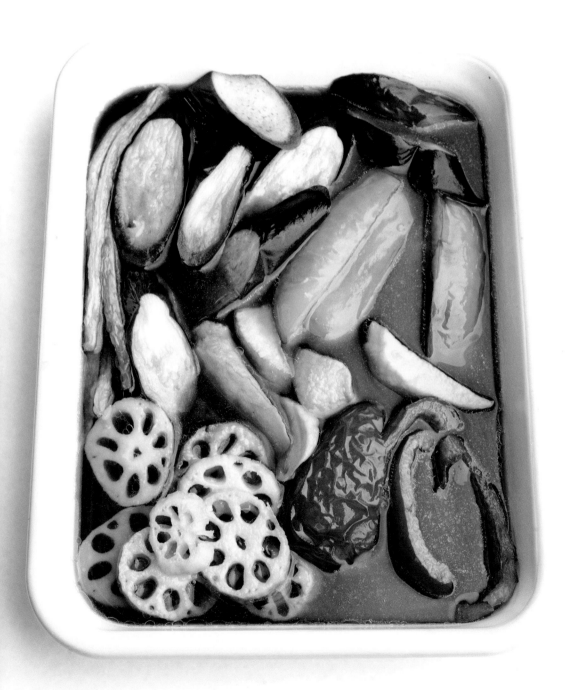

美味

的前提

日式料理的调味顺序

日式料理在调味料的使用顺序上有一定的规则，像我们学习基础日文一样好记呢！我常想起，高中时，对面那排教室中传来一声声跟着日文老师背诵的"a-i-u-e-o"，"sa-si-su-se-so"，"ka-ki-ku-ke-ko"……这也能应用到日本料理放调味料的顺序中呢！在烹调时，调味料中的酱油、糖、醋等，哪一个先放，哪个后放，有一定的规则，它们的顺序则是"sa-si-su-se-so"。

さ Sa，是糖（さとう·Sa-to-u·砂糖）。糖通常都于盐之前放入，因为若先放入盐，则甜味无法吃入食材内，所以通常先放砂糖。

し Si，是盐（しお·Si-O·盐）。盐的调味于糖之后，理由如前，为避免甜味无法入味。

す Su，是醋（す·Su·酢）。醋的调味于糖与盐之后。

せ Se，代表酱油之意。酱油之日文的古文为せうゆ（se-u-yu）。

そ So，表示味噌。（みそ·Mi-So·味噌）。酱油与味噌是取其香味为主的调味料，故最后才放入。

日本料理中一定会使用的酒，则是在这五种调味料之前放入。

以上这样的规则是按调味料的特性列出的，不过，在进入日本家庭学习时，我发现他们也并不完全按照此规则放调味料，也许是因为家庭料理的随性与个人烹调习惯而有不同。如果您可以不依赖食谱，而是运用中国台湾市场的季节食材烹调日式料理的话，则可把这调味顺序当作一个参考。

point

1. 本书中所使用的调味料，如酱油、味醂等，均使用日本生产的淡口酱油或浓口酱油，味醂则为日本生产的本味醂，如追求日式道地口味的家常菜，请使用这样的调味料，因中国台湾生产的酱油的味道与日本产并不相同，如使用中国台湾酱油，则会烹调出台味的日式料理。

2. 在酒与油品的选择上，除非食谱中特别标示，则均使用色拉油与日本清酒。

3. 食材分量除非特别标示，本书中的料理均以一人份计，日式料理对应中式料理的话，在主菜的分量上属于正常，其他副菜，其分量则像是中国台湾料理中的小菜，故在分量拿捏上，请按自己的需求决定。

寻味·高汤

　　与京都料理家智子老师的料理课也延伸到筑地市场。我们进入场内市场购买鲜鱼与海鲜，也认识了一些特定食材，再绕到场外市场山本先生的食材店，他主要卖高汤所需的食材——鱼干、鲣节与昆布。光是在山本先生的店铺内，他就花了一个多小时来为我讲解这三种食材。采访中的日文笔记由智子老师负责，口译由佩吟负责。那天，东京的气温仅有零度，站在没有暖气又靠近街道的店铺等同于站在室外，但山本先生传授的热情感染了我们，大家的笑声不绝于耳。

日式高汤的灵魂食材：
小鱼干、昆布、柴鱼片

1 小鱼干·にぼし

　　小鱼干高汤所使用的小鱼干为日本鳀鱼的幼鱼，购买时请挑选约5~6cm、表面有光泽、形状完整的小鱼干。一般所见到的日文食谱或是在网络上流传的关于小鱼干高汤的处理法，通常都要拿掉小鱼干的头及腹部，认为这是腥味的来源。山本先生（筑地市场的干货店老板）特别向我们讲解了这一点，他认为如果是用品质好且新鲜的鱼所做的小鱼干，其头及腹部各有各的味道与特色，不需要执着于去除它们。至于判断小鱼干新鲜与否，则是在购买时，取一只小鱼干直接放入口中咀嚼品尝，如果无异味也好吃就是好鱼干，这样的小鱼干整只直接制作高汤会有意想不到的美味效果。虽然在中国台湾的选择不多，但在进口食品超市可买到日本的鳀鱼幼鱼小鱼干，使用这种鱼干来做小鱼干高汤即可。至于要不要使用头、腹部，则请购买后自行试吃再决定。

2 昆布・こんぶ

昆布的品质会影响昆布类高汤的味道。用来熬汤的昆布，常见的是真昆布、利尻昆布、日高昆布与罗臼昆布，这些是以产地命名的昆布，全部产自日本北海道。使用昆布切记不可清洗，昆布上的白色粉末为鲜味的来源，与霉点是完全不同的东西。中国台湾湿度高，昆布储存不当会导致发霉，霉菌与白色粉末状的甘露醇在外表上用肉眼即可分辨。可以取干净的厨房纸巾，蘸消毒用的酒精擦拭昆布表面灰尘。在筑地市场，老板特别推荐我买真昆布，这是产自道南（北海道南，札幌一带）的昆布，如果以产地来分的话，山本先生心目中最好的昆布为产自道南的真昆布，第二为道北的利尻昆布。购买昆布时，尽量选肉厚与干燥至干硬状态的。另外，山本先生也会根据不同料理而推荐适用的昆布。他另拿了一包小块的真昆布，这是整理大昆布时掉落的小昆布整理成的一包，价格实惠，如果只是家庭料理熬制高汤，可以使用这种高品质的碎昆布。昆布的品种多样，在中国台湾还可买到盐昆布或昆布丝。盐昆布是将昆布制成细丝再以盐腌渍，而昆布丝则是将昆布泡醋，使其柔软后，再以刨刀刨出丝状。除了常用于制作饭团之外，昆布丝也常放入热汤乌冬面中；刨丝之后剩下的薄昆布称为白板昆布，通常泡于甜醋中，用在关西的鲭鱼压寿司的表面。

3 柴鱼片・かつおぶし

柴鱼片由鲣鱼制成，捕获的鲣鱼以三枚片鱼法（左右各两片鱼肉，中间一片鱼骨）片出后，用水煮，之后取出放凉，去皮、脂肪，拔除剩余鱼刺。做到这个阶段的鲣鱼被称为"生节"。经过每星期一至二次的烟熏干燥，一个月后"生节"就成为"荒节"（あらぶし）。将荒节削成的柴鱼片称为"花かつお"，可翻译为花鲣、柴鱼片花或细柴鱼片，此种柴鱼片口感较细，削完的柴鱼片蓬松，日式料理中撒入的柴鱼片或装饰用之柴鱼片均属此类。荒节经日晒之后再像制作芝士一样，让霉菌生满整个外表，然后密封于室内熟成，之后刮掉霉菌再日晒、密封熟成，重复此步骤多次直至完全干燥，此时碰撞柴鱼有清脆的声响，此步骤重复几个月的荒节称为"鲣节"。当然，所有食材都有追求极致美味、成为顶级食材的可能，如果熟成步骤长达两年的则称为"本枯节"。同一条鲣鱼其实也根据部位不同而有特上或上等之分。通常来说，背部肉优于腹部肉，分辨的方法就是看是否缺少腹部脂肪，完整的为背部肉。山本先生看着我说："如果吃过用本枯节所熬制的高汤，你就再也不会想买鲣节了！"特等的本枯节价格高达一两万日元，即使是普通的鲣节也需要一两千至五六千日元，价格的差异由此可见！

昆布高汤 昆布のだし

食材

昆布 ………… 45~50g
水 ………………… 2L

做法

1 将昆布放入锅内，倒入 2L 的清水，浸泡一个晚上，最少也要泡足 6 小时。

2 将锅子放到火炉上，开大火让昆布水快速升温。(a)

3 接近沸腾或约 80℃时，将昆布取出，继续煮沸即可熄火。(b)

point

1. 用任意一种配方煮日式高汤时，昆布都不可煮至沸腾，否则昆布的杂质与腥味会渗入高汤中。

2. 夏天浸泡昆布时，宜放入冰箱冷藏以免变质。

柴鱼昆布
高汤 鰹と昆布のだし

做法

1 将昆布放入锅内，倒入 2L 的清水，浸泡一个晚上，最少也要泡足 6 小时。

2 将锅子放到火炉上，开大火让昆布水快速升温，接近沸腾或约 80℃时，将昆布取出。

3 水滚后再放入柴鱼片，转大火滚 1 分钟即可。在滤网内铺厨房纸巾或纱布，将高汤内的柴鱼片过滤即完成。(a)

食材

昆布 ………………… 25g
柴鱼片 ……………… 30g
水 …………………… 2L

point

过滤的时候，切记不可挤压柴鱼片，以避免腥味渗入高汤中。

小鱼干高汤 いりこだし

食材

小鱼干 ——— 25~30g   水 ——— 1L

做法

1 剥掉小鱼干头部。(a)

2 将小鱼干放入锅内，倒入 1L 的清水，浸泡约 6 小时。

3 直接开中火加热，烹煮过程中若出现浮沫，请小心捞除，水滚后再调小火续煮 5 分钟。在滤网内铺厨房纸巾或纱布，将高汤内的小鱼干过滤即完成。(b)

point
步骤 2 浸泡的时间因水温（季节）不同而有所差异，夏天时间可缩短些。

日式高汤

　　本书中，如食谱中使用的是日式高汤，则为柴鱼昆布高汤与小鱼干高汤以 1：1 的比例调和成的高汤。如为素食者，将本书中使用的所有高汤改为昆布高汤即可。

二番高汤

　　二番高汤的制作多见于料亭或餐厅，是不浪费食材的一种做法。将熬过高汤的食材全数放入锅中，加入清水熬煮。在家里制作则不需拘泥比例，可以将已熬过一次高汤的材料全部放入锅中，加水开火熬煮，滚后改中小火煮四十分钟至一小时，再过滤即可。一番高汤通常煮汤用，二番高汤因杂质较多，也不似一番高汤风味高雅，常常拿来当作煮食材的调味高汤。如本书中许多需要氽烫的食材，可用二番高汤氽烫，让食材更有风味。

浓厚高汤 濃縮だし

食材

昆布 ——— 45g   柴鱼片 ——— 50g
　　　　　　　　　水 ——— 1.5L

做法

1 将昆布浸于水中一晚。

2 开火煮滚，将近滚而未滚之际（或者约 80℃）取出昆布。

3 水滚后放入柴鱼片，转小火续煮约 5 分钟。在滤网内铺厨房纸巾或纱布，将高汤内的柴鱼片过滤即完成。

point
1. 过滤的时候，切记不可挤压柴鱼片，以免腥味渗入高汤中。

2. 浓厚高汤用作自制面酱（P56、P64）的基底高汤。

八方酱油做法

食材·调味料

昆布 5g（5~6cm×1 片）

厚片柴鱼片 ·············· 20g
（或薄片柴鱼片 35g）

淡口酱油 ·············· 1 杯
味醂 ·············· 1 杯

做法

1 将所有食材放入 1 个保存容器中，在室温下放置一晚上。(a)

2 隔天移入冰箱冷藏室中保存。

3 3 天后将昆布取出即完成。(b)

point

平日需放入冰箱冷藏保存，3 个月内使用完毕为佳。

美味的前提

秋葵的预处理

料理秋葵前，做好这道工序会让口感更好喔！

做法

1 用小刀沿着秋葵上部蒂头的外缘削下外皮。(a)

2 再用小刀由外缘往蒂头顶端，像削铅笔的方式削下外皮。(b)

3 将粗粗的外皮都削下，即完成秋葵的预处理。

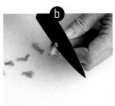

魔芋的预处理

料理魔芋前，一定要先去除腥味。

做法

1 先将魔芋切成需要的大小。

2 以热水汆烫。

3 过滤后自然放凉，让腥味随水蒸气蒸发后备用。

莲藕的预处理

做法

料理莲藕前，如需要的是生莲藕，则于切片或切块后，直接泡于醋水中。如需先汆烫再入料理，则直接于醋水中汆烫即可。醋水制作比例为 400ml 的水加入 1 大匙白醋即可。

28

片鱼技法

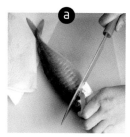

抓住鱼头，斜切。

去除鳞片。

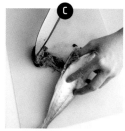

翻开鱼的腹部，以刀尖将鱼的内脏剔出。

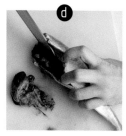

运用刀尖，将鱼刺附近的暗红色血块剔除干净。

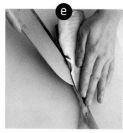

一手按住鱼身，一手用刀从鱼的尾部往内切划。

再将鱼上下翻转，从鱼的上部慢慢切开。切成鱼片之后，将腹部肉多刺部分切除。

以镊子将鱼刺一一挑出，再撕下鱼皮。

烘焙纸技法

想要锁住料理的美味，这一个小技巧你一定要学会！

先将烘焙纸移至锅子上方，测量需要的直径后再裁切。

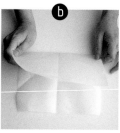

将烘焙纸对折，再对折。

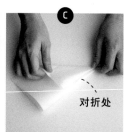

对折处

将烘焙纸的一角往对折处折出一个三角形。

再将烘焙纸放在锅子上方，测量大约的半径，剪出一个扇形。

将扇形的烘焙纸从外侧往内剪出一道缺口。

尖端处也剪出一个小口。

将烘焙纸摊开即完成。

29

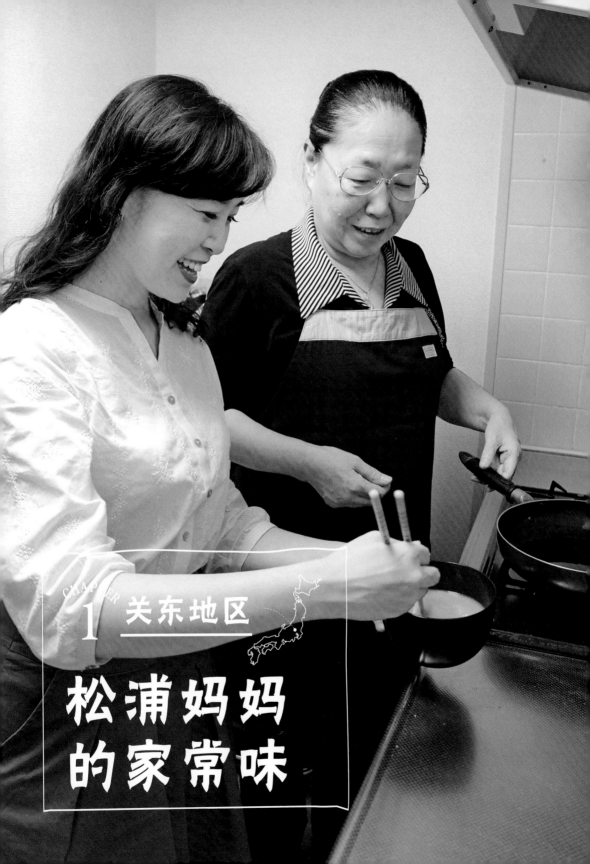

松浦妈妈
的家常味

关于松浦妈妈

因为父母都在工作，松浦妈妈从上学起就开始做菜。她母亲很会做料理，所以她跟着母亲开始学。小学的时候，煮白饭与做味噌汤都是由她负责的。上初中后开始做饺子、油炸的各种料理、渍菜等。升入高中后，她开始学习日本茶道。日本茶道原本是传统怀石料理的最后一个部分，因此，最正式的茶事（茶会）都先有一道怀石料理。她从小就是个"贪吃鬼"（是松浦妈妈自己说的），接触怀石料理后她就开始对这种美味与细工的料理着迷，买了很多相关的书籍来研究。

松浦妈妈23岁结婚后，因为先生很喜欢邀请朋友们到家里聚餐，所以，她除了做料理给家人享用，也分享给先生的朋友们（每次都是5~10个吧！），借此发挥她料理的功力，展现研究料理的成果。这个时候，松浦妈妈经常特意做些怀石料理的小菜等，让吃的人为之惊艳。

中文翻译编撰 松浦优子

松浦妈妈眼中的 Joyce

听到Joyce要跟我学做菜，我有点受宠若惊，因为我经常做的家常菜都很普通，没什么特别的。实际上和Joyce一起做料理，就发现她的技术好厉害，不愧是专家！虽然Joyce不太会日语，不过因为我们都是爱做料理的人，一开始动手就有一种默契，合作很顺利，我觉得非常开心。（松浦妈妈的女儿优子说："上次的料理课结束了以后，我妈妈就开始构思下次能给Joyce介绍什么料理，结果只有一次机会，她还觉得可惜呢！"）

松浦妈妈对待料理的热情，
如同我的料理研修之路。

就算不是在台北生活，初到台北坐地铁，照着指示标坐车应该不太难，如果迷路也能问人。但当优子告诉我需要出地铁站才能到我要换车的百合海鸥线时，我有点忐忑，因为在东京生活，虽然不谙日文，但是靠读认汉字坐车，对使用中文的人来说，通常是没问题的，可是这条路线用的是平假名，我生怕一着急看错字或漏看了指向标，如果要问人也没办法用日文啊！

从代官山的住处出发，在新桥站转车，我依着指向标，走出新桥站建筑，换到了百合海鸥线的新桥站，一切根本没问题，顺利到没有浪费任何时间。我总是这样，常常自己吓自己，事情还没做之前，以为自己做不到，或认为很困难。这天，我要到优子母亲的住处跟她学习日式家常菜。优子属于日文与中文能力都很强的人，有日本人跟她学中文，这不稀奇，但也有日本人拜她为师，要更深入学习日文，我第一次知道时，深觉奇怪。优子是我日文老师的学姐的同学，到东京前，我询问日文老师，说自己想学日式家常菜，老师觉得奇怪："你已经会了，不是吗？""会是会，但是我想学更地道、

更传统的家常菜，用当地的食材来学习。"为了帮我达成心愿，老师询问了从中国台湾毕业、已回日本的学姐。但学姐家离东京市区太远，她就介绍了优子给我认识。优子在得知我的心愿后，觉得她母亲比她更适合教我做日本菜，于是便问了母亲，她母亲欣然答应，这让我很开心。没想到，出发到东京前，就已经有日本妈妈愿意教我做菜，而且会说中文的优子也将全程陪伴，这是多么难得的缘分啊！

话说，虽然我毫不费力地坐上了百合海鸥线，但还是迟到了。出发前的腹痛耽误了些时间，我急忙发信息给优子。当我远远地看到优子与松浦妈妈在检票口等我时，感觉又开心又不好意思，松浦妈妈与优子却温柔地说没关系。松浦妈妈说回家做菜前，

要先到超市买食材，这让我莫名地兴奋。当时我已经在东京生活了一段时间，也常常自己做晚餐，超市的大部分食材虽都认识，也了解如何烹调，只是我买这些食材时，因为有限的工具与下厨时间，经常就用简单的一锅汤对付。很不愿意过如此单调的东京料理生活，现在终于能吃到更多样的食材与日本妈妈做的家常菜，我兴奋地期待着。

那是一个风景与环境很清幽的住处，离台场购物中心不远，没有东京市区的拥挤，商业气息不重，取而代之的是悠闲的气氛。在这里的超市与街道散步，似是回到家乡台南，氛围闲适。不过一出超市，冷冽的空气让我马上意识到自己是在东京呢！

33

与松浦妈妈做菜很轻松，就像与铃木妈妈一样，因为她们在厨房身经百战而且经验老到，一转眼就是一桌菜。松浦妈妈与优子都说，虽然台场的环境很好，但妈妈非常不喜欢现在的厨房，这对她来说太小了，她喜欢以前东京市区老家的大厨房。我能理解她的心情，因为松浦妈妈喜欢研究料理，更因为她在学生时期学习茶道而爱上怀石料理。她特别喜欢钻研怀石料理的艺术与细工，买了许多相关书籍研读。这让我想起自己因为兴趣而起步的料理自学之路。

松浦妈妈的厨房内有许多调味料是当时我未见过的，那些平日使用的浓口酱油、清酒等，在这儿只是其中一小部分。光是酱油，除了基本款之外，松浦妈妈还会使用生鱼片酱油以

及将我们常见的面酱当作调味酱油使用。面酱也是我常用的省时美味小秘方。另外，松浦妈妈使用的酒不是一般的日本清酒，而是"赤酒"。赤酒为熊本地方的传统酒，因为松浦妈妈的亲戚住在熊本，每年都会寄给她。与一般料理酒或清酒相比，加了赤酒于鱼或肉料理中，可以让鱼或肉保持本身所含的水分，并因此使甜味与香气较完整地保留。除此之外，使用赤酒的菜肴在成色上都较为光亮有色泽，属于松浦妈妈的特选食材。

初见松浦妈妈，我被她慈祥的面容吸引着，那是一个持家多年、既坚强又温婉的形象，岁月留在松浦妈妈身上的印记就是"慈祥"。松浦妈妈的笑容腼腆，优子翻译着我们之间的对话，女儿毕竟是了解妈妈的，所以会

适时地替不多话的妈妈再多加解释。在超市，松浦妈妈说要多做一道菜，她挑了山药，因为听说我出发前胃不舒服，所以想多做一道护胃料理让我吃。这让我有点感动，因为那像母亲一样的关心，如暖暖涓滴流入我心里。在这样的初冬，她还买了优子爱吃的油菜花（日语：菜の花，なのはな，na-no-ha-na）。这是春天才会有的蔬菜，也许是温室蔬菜，所以才能在这个季节见到，同样是因为爱而放入购物车内。

顷刻之间端上桌的道道料理，通过松浦妈妈的手，融入她的爱心，有为女儿优子做的凉拌油菜花，也有为照顾我而做的蛋黄拌山药，还有去世的松浦爸爸曾指定味道的玉子烧。松浦妈妈的餐桌是爱的餐桌，有她的养生坚持、家人的私房味道，也有她的料理研究。她以世代传承的经验与喜爱料理的心，将她的慈爱转化成一道一道的菜肴，借由料理，印证她的料理热情与对家庭的爱。

中日文口译
松浦 优子 / 专业翻译，日本东京都人
摄影
松浦 优子、Joyce

PART
1

鸡肉丸子
とりだんご

舞菇味噌汤
まいたけの味噌汁

氽烫四季豆
さやいんげんのお浸し

金平莲藕
きんぴら蓮根

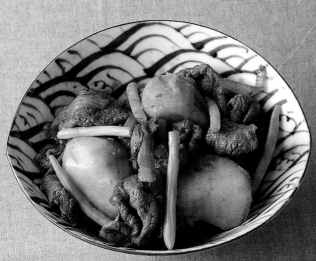

马铃薯炖肉
肉じゃが

玉子烧
だし巻き

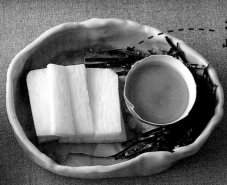

凉拌山药
山芋の短冊

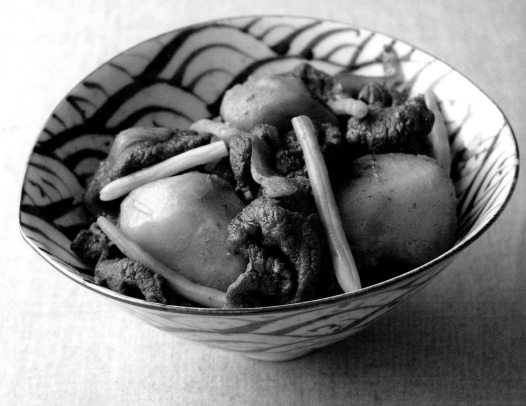

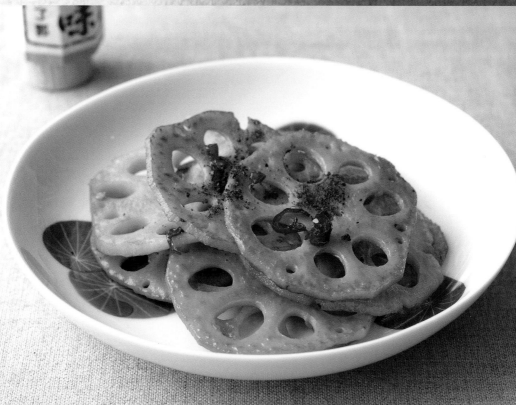

马铃薯炖肉 肉じゃが

食材

牛肉片 ———— 260 g
马铃薯 ———— 210 g
四季豆 ———— 80 g
洋葱 ————— 70 g

调味料

清酒 ————— 100ml
八方酱油 ——— 80ml
糖 —————— 1 大匙

做法

1 洋葱切粗丝，马铃薯切块并将边角削圆。(a)

2 锅热后倒入少许油，油热后放入洋葱丝略翻炒。

3 放入牛肉片（如果 1 片太大，可对半切使用），再加入 1 大匙油。

4 放入马铃薯，以中火翻炒。(b)

5 牛肉变色后，放入 250ml 的水。

6 放入清酒、八方酱油、糖。盖上锅盖（或使用 P29 的烘焙纸技法），以小火炖煮 15 分钟或至马铃薯熟软。

7 同时，另起一锅水烫熟切段的四季豆。

8 最后再将四季豆放入步骤 6 中即完成。

金平莲藕 きんぴら蓮根

食材

莲藕 ————— 60g
辣椒 ————— 少许

调味料

橄榄油 ———— 适量
八方酱油 ——— 20ml
七味粉 ———— 少许
（或黑七味粉）

做法

1 莲藕切片（约 0.3cm 厚）。

2 锅热后放入橄榄油，加入莲藕片翻炒。(a)

3 加入少许水、八方酱油、辣椒末，煮七八分钟。(b)

4 起锅后撒少许七味粉即完成。

鸡肉丸子 とりだんご

食材

莲藕	40g
鸡绞肉	120g
蛋白	10g
姜泥	1/4 小匙
太白粉	1 小匙

调味料

清酒
- 绞肉用——1/4 小匙
- 调味用——40ml

八方酱油	20ml
淡口酱油	1/4 小匙
盐	少许

做法

1 莲藕分别切粗末（20g）及磨成细泥（20g），加入鸡绞肉、姜泥、清酒、盐、淡口酱油、蛋白拌匀（可再加入鸡软骨增加口感）。

2 锅热后倒入少许油，将步骤 1 的材料捏成小球（30~35g），放入锅后，以煎勺稍微压扁。**(a)**

3 翻面再煎，煎至两面呈金黄色。**(b)**

4 将清酒与八方酱油以 2：1 的比例倒入锅内，再烧煮七八分钟即可起锅。**(c)**

凉拌山药 山芋の短冊

食材

山药 ————— 100g
蛋黄 ————— 1颗
海苔丝 ——— 少许

调味料

淡口酱油——少许
（或八方酱油）

做法

1 山药切粗长条状（约1×4cm）。(a)

2 山药盛盘，将蛋黄放在旁边。

3 盛盘后再放少许海苔丝，以少许酱油调味，搅拌在一起即可食用。

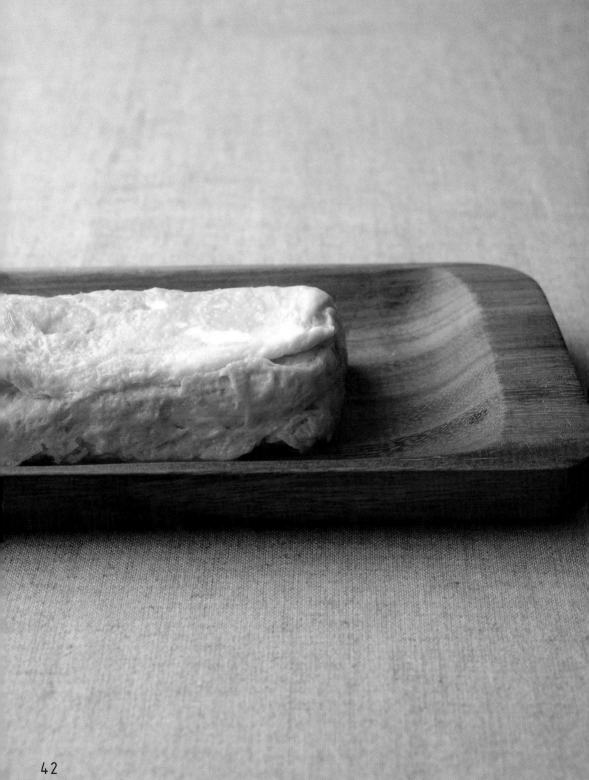

玉子烧 だし巻き

食材

鸡蛋 ·················· 3 颗

调味料

柴鱼昆布高汤 35ml
盐 ······················ 少许

做法

1 将鸡蛋打散，加入高汤和盐调味，混合搅拌。(a)

2 以纸巾蘸油，将玉子烧锅均匀涂满油。(b)

3 倒入一层蛋液，以料理筷快速地戳破气泡。(c)

4 将蛋皮由前往后翻。(d)

5 再将蛋卷往前端推。(e)

6 再倒入一层蛋液，并将第一层蛋卷稍微抬起，让第二层蛋液与之接合，同样以调理筷快速地戳破气泡。(f)

7 将第二层蛋皮由前往后卷翻。(g)

8 将蛋卷往后端收拢，并以料理筷调整形状。(h)

9 重复步骤 5~8 两次，即完成。(i)

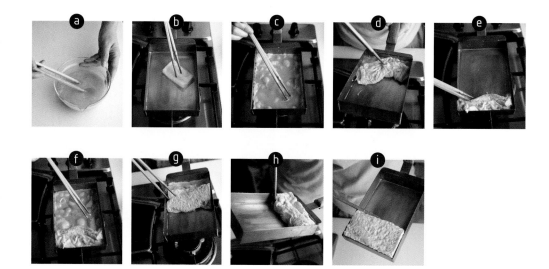

　　看到松浦妈妈以圆形平底锅做玉子烧，我好惊讶，这技巧太高明了！帮忙拍照的优子也大赞妈妈，技术实在高超啊！当时做的菜色很多，松浦妈妈还让我带回一个便当呢！

关东关西的玉子烧，
调味大不同。

松浦妈妈是在东京出生长大的地道关东人，但她所做的玉子烧却不是关东常见的加了砂糖的厚煎玉子烧，原因在于松浦爸爸不喜欢甜味的关东版玉子烧。

玉子烧是所有日本妈妈都会做的一道料理，但关东与关西的调味方式大不同，关东是甜味的厚煎玉子烧，关西则是无甜味的高汤蛋卷。对于关东地区的甜味厚蛋烧，有一种解释是，在江户时代，砂糖是昂贵奢侈的舶来品，所以关东地区好面子的人常常以砂糖为料理调味。

关东的厚煎玉子烧之于关西的高汤蛋卷，最大的不同除了添加砂糖之外，也不加高汤。具体做法是，将调味好的蛋汁全数倒入玉子烧锅，用小火慢煎而成，有的高级料亭会加入以刀手工剁出的虾泥。关西的玉子烧以盐调味，加不加糖则依每一家庭的习惯，就算加入砂糖，也仅仅是用于提味，再加入大量高汤，煎出软嫩口感的高汤蛋卷。与关东地区做出来的扎实口感相比，关西的高汤蛋卷有很大的不同。

松浦妈妈是关东人，却做出关西版的玉子烧，这起因于爱情——为了配合松浦爸爸的口味。松浦妈妈做玉子烧的技巧实在太高明了，她不需要玉子烧锅，光是用一个圆形的平底锅也照样煎出有形状的高汤蛋卷。不过，因其圆形锅的形状无法煎出带四个角的玉子烧，她会将玉子烧放入竹帘内整形，这样也能做出漂亮的玉子烧呢！使用竹帘为高汤蛋卷整形时，除了需要备一张竹帘之外，也需要准备约与竹帘大小一致的锡箔纸片，因为高汤蛋卷柔嫩，如果压卷整形，高汤溢出易弄脏竹帘，蛋卷也易碎裂，将锡箔纸放在竹帘上再为蛋卷整形，可用橡皮筋绑着固定十分钟即可。

氽烫四季豆 さやいんげんのお浸し

食材

四季豆 ·············· 50g

调味料

盐 ···················· 少许
八方酱油 ······ 1 大匙

做法

1 滚水中放盐，氽烫四季豆（30~50 秒即可），再过冷水备用。

2 在四季豆上淋上八方酱油调味，挤干水分即可切段盛盘。(a)

---

point

1. 春天的时候，可以将四季豆替换成油菜花或西兰苔。

2. 以八方酱油调味为清爽版，也可加入黄芥末，即为另一种浓郁口味版。

舞菇味噌汤 まいたけの味噌汁

食材

舞菇 ·················· 45g
绢豆腐 ·············· 35g
柴鱼昆布高汤 270ml

调味料

白味噌 1 又 1/2 大匙

做法

1 舞菇分成小株；绢豆腐切成小方块。

2 将高汤放入锅中，再放入舞菇煮至小滚时，放入味噌溶解。

3 放入绢豆腐后稍煮一会儿即可熄火。

point

1. 绢豆腐不可久煮，否则会变硬。

2. 味噌汤不可一直保持沸腾的状态，味噌
   香气容易丧失。

3. 各个品牌的味噌碱度不一，请依个人口
   味适时增减。

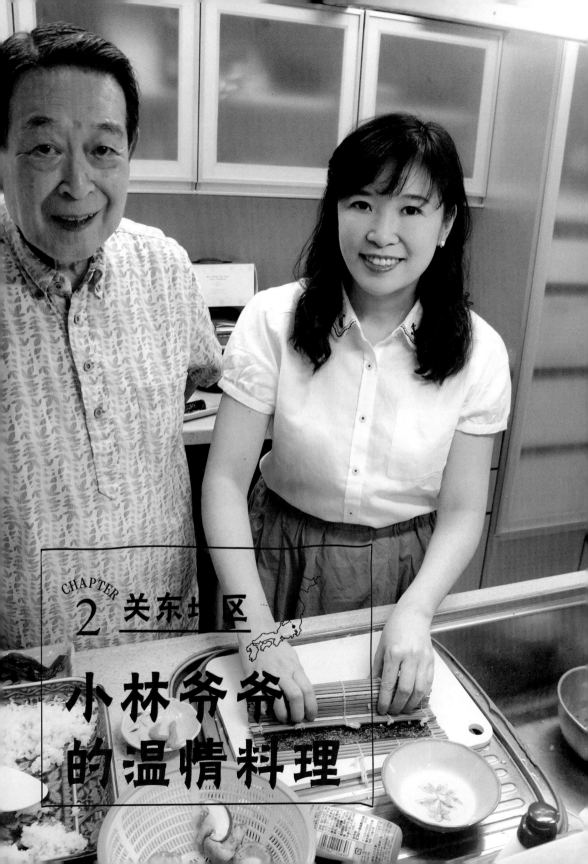

CHAPTER

2 关东地区

小林爷爷
的温情料理

小林 美鹤 Kobayashi Mitsuru	
1　职业	/ 齿学博士
2　料理资历　　/ 70 年　　3　现居地　/ 东京都大田区	
4　最喜欢的一道菜　/ 笋饭	

82 岁（1934 年出生）

关于小林爷爷

小林爷爷忆起小时候的往事，当时正值战后，可炊煮的食材实在太少，常常吃水煮的南瓜或地瓜，连米也没有。煮南瓜时，连同南瓜的叶子、花也切一切，放入水中，加入盐一起煮。一直到高中前，小林爷爷还经常吃这样的食物。因为太少吃到白米饭，他后来就非常喜欢笋饭，有时候什么菜肴都不需要，只要有笋饭加上汤就异常满足。他做的笋饭，加了舞菇、豆皮与笋子，清淡的调味，吃了以后很舒服。现在小林爷爷如果煮笋饭，也会放入台湾屏东的樱花虾增添香气，这当然是因为来自中国台湾的媳妇常

常送他好品质的樱花虾。这道笋饭，除了有他喜欢的白米饭，还有蛋白质（豆皮）、纤维素（笋）和樱花虾的香气，营养与味道均衡，是他心中的一品料理。

小林爷爷认为没有任何料理可以比得上妈妈的味道。他常想起他小时候为手足做菜的心情，那样的心情对他而言是重要且珍贵的。因为只有自己进入厨房做料理，才能了解食物的真正味道，才能做出真正的美味，而这样的美味是他想传递给自己的妻子与小孩的。

小林爷爷给 Joyce 的话

你因为喜欢料理而成为料理老师，也因为喜欢料理，所以自然而然能很快地学会其方法与技巧。但与我不同的是，你在教室里会遇到各种不同的学生，做料理的"心"是你身为老师最重要、应该要传达给人的东西。现

今的许多日本人浪费食物，也不下厨，喜欢买珍奢的食物，那不是正确的心态，也不是最好吃的食物。"不浪费食材、为家人做菜才是最值得被珍惜的心情。"希望你把这个信念带给所有的学生。

小林爷爷教给我的
不只是家常菜的味道，
更有他对生活的领悟与盼望。

这是一种奇妙的缘分，每每想起，总满怀感恩！

　　那是我在东京蓝带厨艺学校的中级班学习的时期，是压力渐大的时候，但偶尔还有余力在脸书上留下文字与照片纪录。当时有这样一段留言："老师先在东京帮我们开课好了！"因为正面临中级考试，所以我只回复说再联络。一直到毕业后我才有空从杳杳网海中回溯，找到当事人 Nana，并与她成为好友。热心的 Nana 是个有使命感的人，她为住在东京的中国台湾的妈妈们组织了"亲子交流会"，不定期举办各种活动。这是一份烦琐且没有报酬的工作，因她的热情邀约，我也在东京的港区教过三次料理课。在料理课中，我认识了 Ruby，一位嫁到东京的中国台湾媳妇。当她听到我对日本家常料理的兴趣时，就谈起了她的公公，一位对料理很有研究，平日也常常下厨的老先生，而她公公也因为她这位中国台湾媳妇，愿意教我关于他的日常家庭料理。

　　在一个冬日的早晨，我带着京都和久传的伴手礼 1，与 Ruby

1　第一次见面前，我问 Ruby 小林爷爷的喜好，但 Ruby 表示不需要任何伴手礼。但因为是初次造访，又是麻烦人家，对多礼节的日本人来说，还是要做足礼数。因不知喜好，所以我选了日本老一辈的人通常喜欢的和食小礼，京都和久传为远近驰名的料亭，希望这样能表达我的重视之情。后来我得知小林爷爷最爱的伴手礼是来自中国台湾的茶叶，刚好我又买到他喜爱的茶叶，老人家的欢喜之情溢于言表呢！

相约到小林爷爷住处。小林爷爷非常和善，为了接待我，他拿出最高级的茶叶与茶具，还备了和果子，摆在收藏的漆器盘中，这些珍品，连 Ruby 都是第一次见到。他喜爱中国台湾的茶，就为我细细讲解所喝的静冈职人手工制作限定茶叶。低温冲泡的煎茶叶是碧绿的，在一汪水中呈现出像山中湖水的绿宝石颜色，茶汤入喉，甘味从喉咙深处涌出，清香缱绻唇齿间，再散发到鼻腔。我轻叹一口气，让幽远香气包围我的思绪，实在是好茶！小林爷爷待我如上宾的心意，从一杯茶就已感受到。

小林爷爷健谈，想到什么就说什么，年纪虽大，但身体还算硬朗，虽然有慢性病，但严格控制饮食，平时吃得极为清淡。由于教我做的几道日式家常料理是正常调味的，反而使他无法吃当天做的菜。这样的体贴，除了对我，也处处展现在他对小林奶奶和中国媳妇的言谈举止中。儿媳妇 Ruby 有几次以不正确的日文说话，身为公公的他耐心地解说为什么不能以那样的文体来说话，而对好动的小孙女在家中的调皮捣蛋，他毫无不耐烦之色，总是慈祥地与小孙女说着童言童语。小林爷爷已经 80 岁了，他有着传统日本男人的坚毅，却没有传统的大男子主义，我想，也许是因为他的温暖性格与所受的西方医学教育使然，他的体贴常常化为慈爱的面貌，与我们说话也总是使用肯定的鼓励话语，带出他对我们的期许，让身为晚辈的我们不自觉地尊敬、喜爱他。

小林爷爷可以算是他那一代人中的精英。由于出生在战后时期，小林

爷爷回忆起小时候的事总有许多感慨。在战后贫困的东京，大家每天最重要的事就是想办法填饱肚子。小林爷爷的母亲忙于工作赚钱，没有时间做饭，所以当时小小年纪的他要做饭给家里人吃。因物资极度缺乏，能煮的食材不多，大家都过着一样的苦日子。我想他应该还有许多话未说出，因为话题在"小时候很苦啊！"就戛然停止。现在小林爷爷做的菜大多是源于他自己的体会，当时那种无米无食材的环境练就出他对食材的掌握与创造力。

在当时艰苦的环境中，小林爷爷的学习成绩出类拔萃，一路攻读到齿学博士，并与身为班花的同班同学，也就是齿学博士的小林奶奶结婚，两人共同开立牙科诊所。婚后，因工作劳累，小林奶奶病倒了，家里的厨事

与所有工作都由小林爷爷一肩扛起。听到这儿，我有点鼻酸，小林爷爷是一个爱家庭大于一切的男人，为妻子与小孩无怨无悔地付出一切。为了更好地照料生病的小林奶奶，他更是在料理上下功夫，希望做出让她吃了尽快恢复健康的料理。从此，小林家的厨房由小林爷爷掌管，他做着一餐又一餐的料理，传递着他对小林奶奶的情、对家庭的爱。

小林爷爷现在的闲适可说是用他一生的辛劳换来的，而今我坐在他偌大又静谧的房子中，看着和煦日光洒在客厅和设备精良的餐厅厨房中，听一位老人家诉说他一生的故事，教给我的不只有他对家常菜的领悟，更有他对人生的领悟与热情，对生活的盼望与其中的"味道"。

回想与小林爷爷相识的过程，让

我不得不感慨人与人之间的缘分。如果当初我对脸书的留言不上心，就不会认识 Nana，自然也不会参与到"亲子交流会"的活动中，给这群远在日本生活的同胞教授料理课程，而正是因为这样的课程让我有幸通过 Ruby 结识了小林爷爷，让我在学习日式家常菜的旅途中又前进了一步。

中日文翻译
Ruby Tsai、Bruce Yang
摄影
Ruby Tsai、Bruce Yang、Joyce

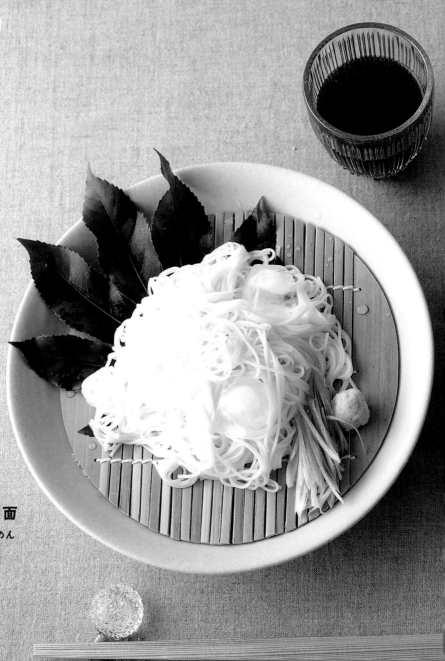

夏日素面
夏のそうめん

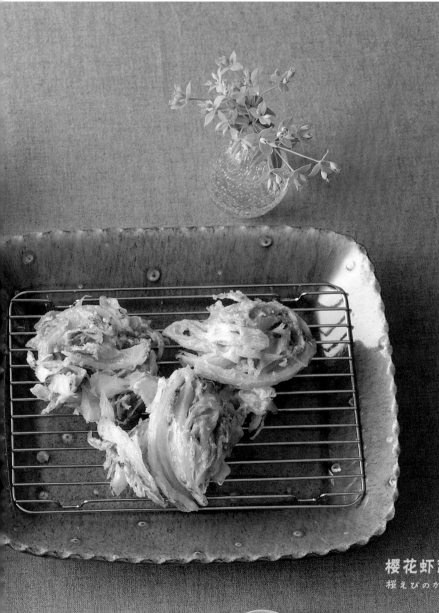

櫻花虾蔬菜天妇罗

桜えびのかき揚げ

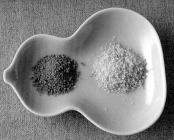

夏日素面 夏のそうめん

食材

素面	85g
茗荷	1/2 颗
姜泥	1 大匙

调味料

浓厚高汤 —— 550ml
浓口酱油 3 又 1/2 大匙

做法

1 将所有调味料调匀，即为素面用面酱。将姜磨泥后，挤出姜汁。

2 素面按包装上标注的时间煮好。

3 取出素面在冷水下冲洗表面黏液，并挤干水分。

4 放入盘中，再加入素面酱与切细丝的茗荷、姜泥即完成。

56

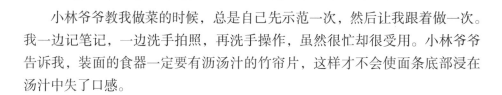

　　小林爷爷教我做菜的时候，总是自己先示范一次，然后让我跟着做一次。我一边记笔记，一边洗手拍照，再洗手操作，虽然很忙却很受用。小林爷爷告诉我，装面的食器一定要有沥汤汁的竹帘片，这样才不会使面条底部浸在汤汁中失了口感。

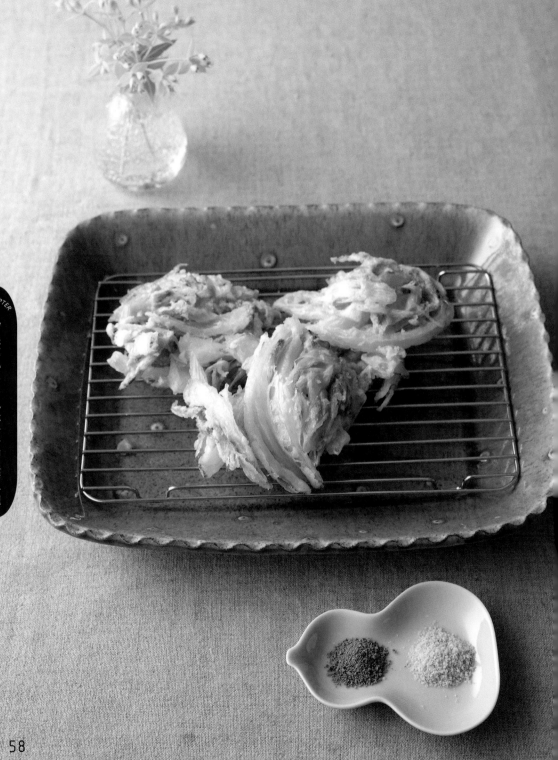

天妇罗面糊 天ぷら用衣

食材

天妇罗粉 —— 2 杯
（或低筋面粉）

冰开水 —— 150ml

鸡蛋 —— 1 颗

做法

1 将冰开水放在调理盆内，打入鸡蛋搅拌均匀。(a)

2 将面粉分 2~3 次放入蛋水中。

3 用打蛋器或粗筷子以画八字的方式大致地混拌，不需完全均匀，留有少许面粉或有粉团也没关系。(b)

point

天妇罗面糊有浓与稀之分，喜欢浓厚感重的、有厚度的天妇罗面衣则可将面粉再多加些，喜欢薄薄的面衣则面粉少一些即可。

樱花虾蔬菜天妇罗 桜えびのかき揚げ

食材

洋葱 —— 70g

大葱 —— 20g

干燥樱花虾 —— 8g

面粉 —— 1 大匙

point

油温判断：如果手边没有温度计，也有小诀窍来判断油温是否已到180℃。将少许天妇罗粉浆放入油锅中，粉浆快速下沉但并未到底部即快速上升至表面，并且同时冒出许多气泡，这时的温度大约为180℃；如果面衣不太下沉，只在油锅的表面散开，则表示温度高于180℃，若面衣快速下沉没有气泡，则温度低于180℃。

做法

1 洋葱切半后，再厚切粗丝（约1cm宽），然后拨散洋葱丝。

2 大葱切粗末，小于1cm即可。

3 将洋葱、大葱与樱花虾放入调理盆内拌匀。(a)

4 将 1 份的蔬菜（约 2~3 口大小）放入面粉中，蘸裹上薄薄一层后取出放入另一个小碗中，再舀入少许天妇罗面糊，拌匀。(b)

5 将裹好面糊的蔬菜置于长柄汤匙上，整个放入油锅中，油温需比 180℃略低，介于 170℃ ~180℃是油炸蔬菜的最佳温度。(c)

6 当炸物周围气泡略微减少时，即可起锅。

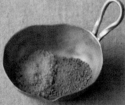

PART
2

毛豆虾仁莲藕天妇罗
枝豆とえびと蓮根の天ぷら

大虾天妇罗
えびの天ぷら

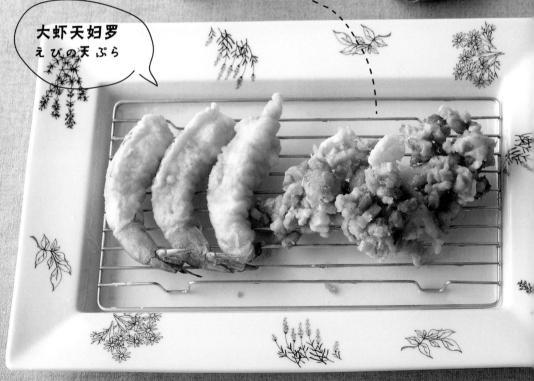

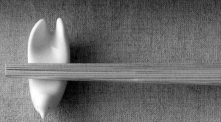

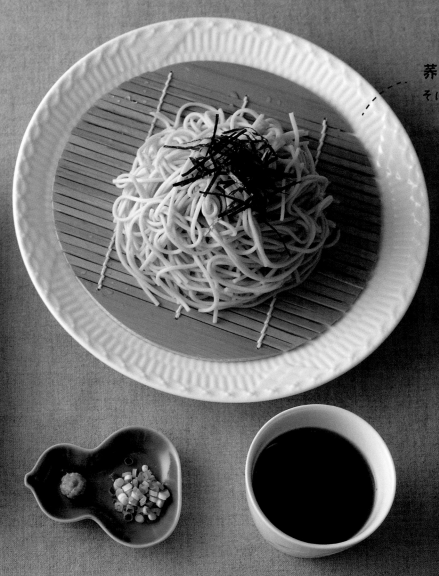

荞麦凉面
そば

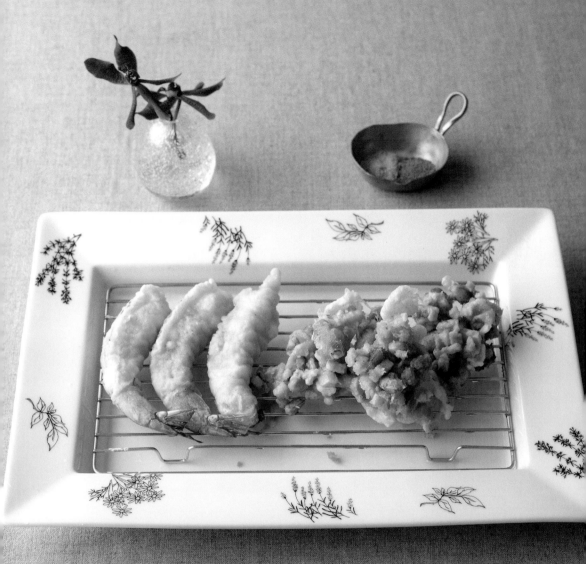

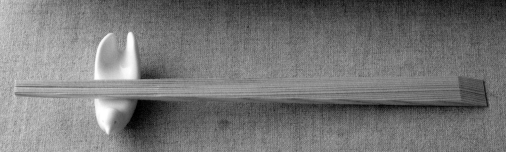

大虾天妇罗 えびの天ぷら

食材（2人份）

大只带壳鲜虾 —— 6只
低筋面粉 —— 少许
色拉油 —— 适量
（或植物油、淡色胡麻油）

做法

1 鲜虾去壳，虾尾的壳留着，将尾巴收拢，以刀斜切，去肠泥，再于腹部垂直划数刀。(a)

2 将炸油放入油锅中，开火加温。用鲜虾蘸裹面粉，然后拍掉多余面粉。

3 以手拿取虾尾，在天妇罗面糊中拖蘸，裹上面糊。(b)

4 再将虾放入已达180℃油温的炸油中，当炸物周围气泡略微减少时，即可起锅。(c)

毛豆虾仁莲藕天妇罗 枝豆とえびと蓮根の天ぷら

食材

莲藕 —— 50g
虾仁 —— 40g
毛豆 —— 45g
面粉 —— 1大匙

做法

1 将莲藕、虾仁切丁。(a)

2 将所有食材放入面粉中，蘸裹薄薄一层，再放入另一个小碗，舀入天妇罗面糊混拌在一起。

3 以长汤勺舀起拌料，放入油锅中炸，炸至成形即完成。(b)

point
天妇罗可搭配荞麦面酱食用，亦可搭配抹茶盐及柚子盐食用。

 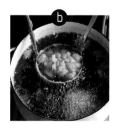

食材

荞麦面 ⸺⸺⸺⸺ 90g
小葱 ⸺⸺⸺⸺ 少许
海苔丝 ⸺⸺⸺ 少许

调味料

浓厚高汤 ⸺⸺⸺ 550ml
浓口酱油3~3 又 1/2 大匙
味醂 ⸺⸺⸺⸺ 2 大匙
创味浓厚面酱 2~3 大匙
（或八方酱油 1~2 大匙）
绿芥末 ⸺⸺⸺⸺ 少许

荞麦凉面 そば

做法

1 将所有调味料调匀，即为荞麦面酱。

2 荞麦面按包装上标注的时间煮好，注意要分散着下面，避免面互相粘黏。(a)

3 在冷水下冲洗表面黏液，挤干水分。

4 放入盘中撒上海苔丝，面酱、芥末、葱末另置放即完成。

关东人吃荞麦面，
关西人吃乌冬面。

关东与关西的饮食文化区别如前言所说，这一点也表现在面食上，关东人爱吃荞麦面，而关西人则喜欢乌冬面。关西人因重高汤，发展出了为品尝高汤风味而煮的乌冬面；而江户时期的关东人，听说为了预防脚气病而吃起了富含维生素 B_1 的荞麦面。另一种观点认为，远在京都的朝廷是以乌冬面为主流，江户人（东京人）出于对抗心理而吃起了荞麦面。

因历史、文化因素而吃荞麦面的江户人对于荞麦面的吃法有自己的规则，比如蘸面酱只蘸到面条的前端，不让酱汁影响荞麦的香气；吃荞麦面时应使用即用即丢的免洗筷，其前端必须是四角形状，因为一般吃饭用的筷子上了漆且前端为圆形，很难夹住面条，免洗筷因为未上漆，又是四角形，所以便于使用。

虽说关东人爱吃荞麦面而关西人喜欢乌冬面，但"狐狸乌冬面"（きつねうどん，ki-tsu-ne-u-do-n）则不分地区，为全日本所喜爱。狐狸乌冬面即油豆腐皮乌冬汤面，之所以要叫它狐狸乌冬面，一般说是因为狐狸喜欢吃油豆腐皮。在神社内，要供拜狐狸时总是放着油豆腐皮。

虽说全日本都喜爱狐狸乌冬面，但销售狐狸乌冬面泡面产品的"丼兵卫"公司却将旗下产品分为关东版与关西版，标示"E"的关东口味是以柴鱼高汤与浓口酱油调味，油豆腐皮卤得较甜咸，而标示"W"的关西口味则是以昆布高汤与淡口酱油调味，油豆腐皮卤得较为清淡。据说只有这样区分，才能在关东或关西地区得到较好的销量。由此可见，东西部地区料理有不同的口味。

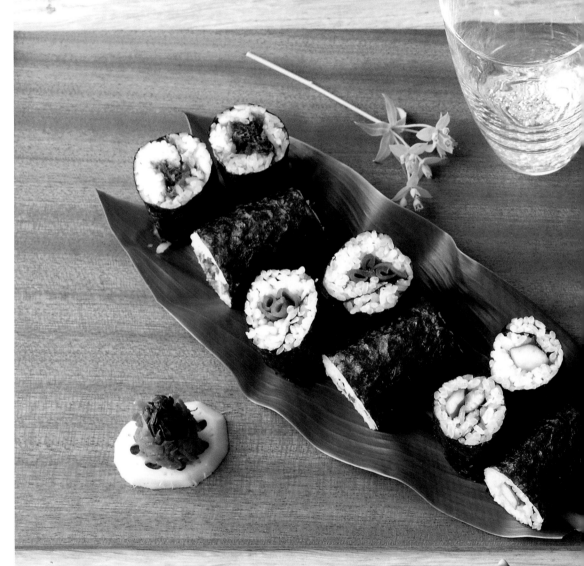

小黄瓜饭卷　　葫芦干饭卷　　柴鱼饭卷
かっぱ巻き　　　かんぴょう巻き　　鰹節巻き

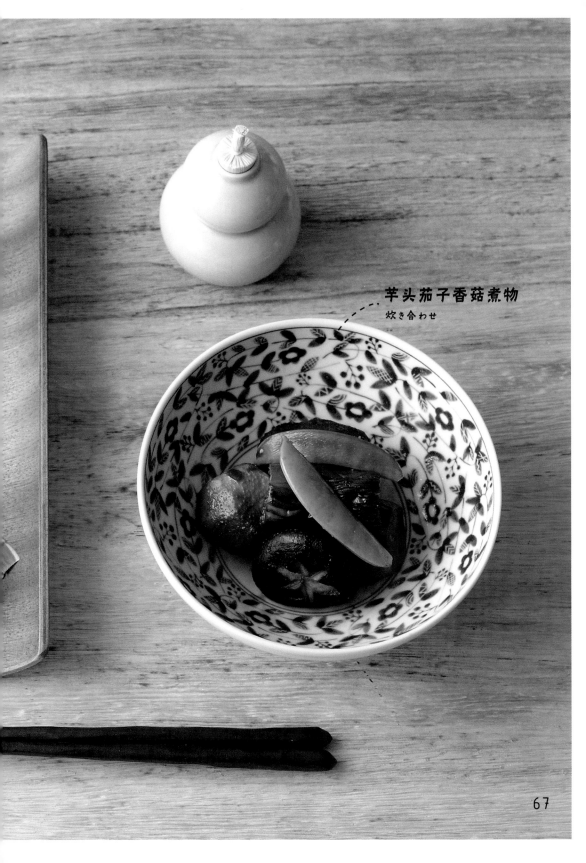

芋头茄子香菇煮物
炊き合わせ

67

🍲 料理小事

　　以海苔包裹的寿司在关东称为海
苔卷，在关西则叫卷寿司。关西最常
见的卷寿司是用一张以上的海苔，不
烤，直接使用，包卷数种食材，成直
径粗大的太卷寿司或花寿司；而关东
人喜欢酥脆的海苔，故使用前先过火

烘烤，因为主要享用海苔，故关东的
海苔卷醋饭少，食材少，可做出细卷
的寿司。关于饭卷这件事，关东跟关
西也不同调呢！小林爷爷是关东人，
所以他教给我的就是关东风味的海苔
细卷。

小黄瓜饭卷 かっぱ巻き

食材

海苔 ——— 19×16cm
小黄瓜 ——— 75g
醋饭 ——— 100g
（详细做法请参阅 P157）

调味料

淡口酱油 —— 1 大匙
绿芥末 —— 1/2 大匙

做法

1 小黄瓜切条（约 2.5cm 宽），去籽，与绿芥末和淡口酱油拌匀。

2 海苔略烤，放在卷帘上。

3 铺上醋饭，放上小黄瓜，卷起，切段即完成。(a)

葫芦干饭卷 かんぴょう巻き

食材

海苔 ——— 19×16cm
葫芦干 ——— 30g
醋饭 ——— 100g
（详细做法请参阅 P157）

调味料

糖 ——— 3 大匙
淡口酱油 4 又 1/2 大匙
味醂 ——— 3 小匙
清酒 ——— 1 小匙
盐（清洗用）——— 适量
柴鱼昆布高汤 300ml

做法

1 葫芦干以水与盐搓揉清洗后，泡在水中 5~10 分钟，取出沥干。

2 放入高汤中，滚后改小火，煮 15 分钟。

3 将调味料放入后，以小火炖煮约 15 分钟后，自然放凉即可。

4 海苔略烤，放在卷帘上。

5 铺上醋饭，放上葫芦干，卷起，切段即完成。(b)

柴鱼饭卷 鰹節巻き

食材

海苔 ——— 19×16cm
柴鱼片 ——— 7g
醋饭 ——— 100g
（详细做法请参阅 P157）

调味料

淡口酱油 1/2 大匙

做法

1 将柴鱼片和调味料拌在一起。

2 海苔略烤，放在卷帘上。

3 铺上醋饭，再铺上酱油柴鱼片，卷起，切段即完成。(c)

point
烘烤海苔，可在瓦斯炉上放置烤网，开火后，两面各烘烤 3~5 秒，或使用小烤箱，不关闭烤箱门，两面各烘烤 3~5 秒。

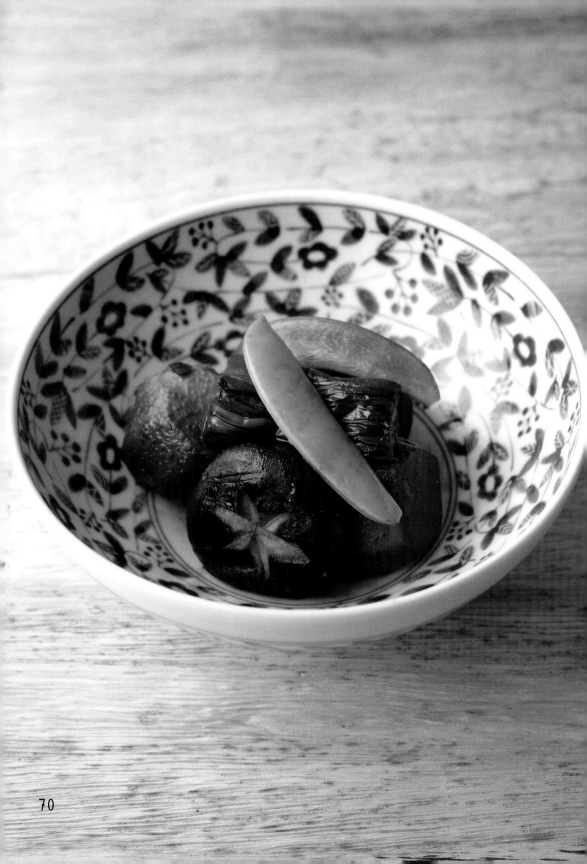

芋头茄子香菇煮物 炊き合わせ

食材

小芋头 ………… 190g

茄子 …………… 145g

香菇 …………… 105g

甜豆荚 ………… 30g

柴鱼昆布高汤 400ml
（或日式高汤）

调味料

淡口酱油 …… 3大匙

味醂 ………… 2大匙

糖 …………… 8g

做法

1 小芋头削皮，香菇去蒂切花，茄子切长段（约5cm）表面划刀。(a)

2 将高汤倒入锅中，再放入芋头烹煮。

3 放入所有调味料，盖上木盖，以中大火烹煮。

4 放入香菇，再煮5分钟。

5 最后放入茄子与甜豆荚煮5分钟即完成。(b)

香菇切花技法

多做这道工序，会让食材更入味喔！

做法

1 先在香菇表面划出一刀。(a)

2 在另一侧也划出一刀，切出一个凹槽。(b)

3 取其等距，重复步骤1~2两次。(c)

4 完成香菇切花。(d)

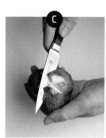

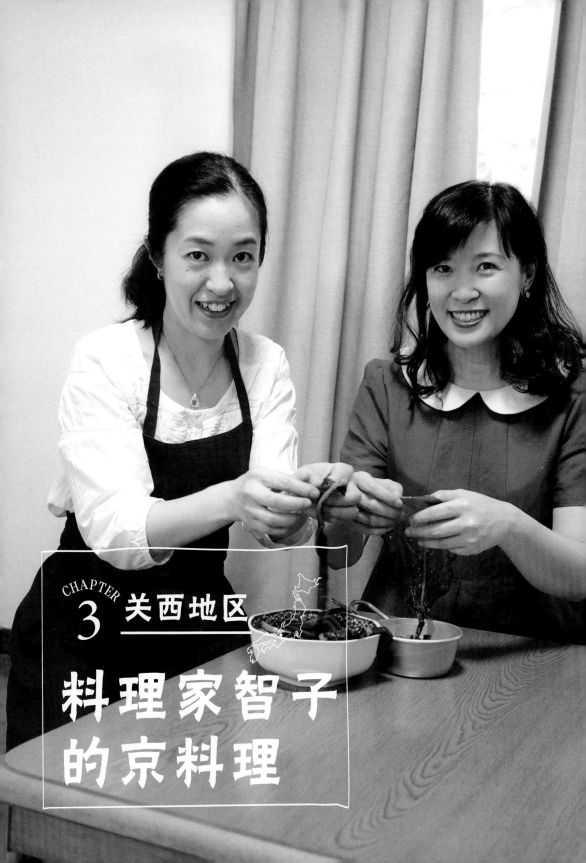

料理家智子
的京料理

小山 智子 Koyama Tomoko	 40岁（1976年出生）

1	职业	/	料理家

2	料理资历	/	18年	3	现居地	/	东京都涩谷区

关于智子老师

刚开始，我在纸上写智子老师的职业是"料理研究家"，但智子并不完全赞同。在她的认知中，料理研究家虽然对各种食材、烹调法，甚至料理工具与餐具都极有研究，却不是常常下厨的人，是更偏向评论与做研究的人。她自己除了真正进入餐厅厨房工作过，更多的经验则来源于自己在家中厨房的实践。智子出生、成长于京都，对于京都料理的高雅风味与细微调味都有高度的掌控能力。她还在食材选购与前置作业的处理上一丝不苟，看待家庭料理如同职人一般严谨，有自己的料理风格。由此，智子认为自己是一位"料理家"，从市场到厨房，从产地到餐桌，每一环节都深入了解并实际操作，是真正做料理的人。

智子老师眼中的 Joyce

Joyce 是我的第一个学生，在为她上课的过程中，我自己又更深入地认识了京都家常菜。虽然我在法国学的是传统法国料理，但是住在寄宿家庭时吃的是法国家庭料理，当时也跟着法国妈妈学过法国家常菜。两相比较，我更喜欢家常菜的亲和力。所以我能理解 Joyce 喜欢并想学习家常菜的初衷。

Joyce 对料理有很大的热情，投入了大量精力与金钱在研修上，她能把学到的东西转化为自己的能力，我很敬佩这种精神。她的味觉敏锐，尝过许多不同的食物，而料理老师的经历让她对食物有丰富的经验，所以她对日本料理中的纤细味道能精确掌握，期待日后与她能有更多的合作。最后，我很喜欢 Joyce 的料理摄影作品。

与智子老师一起做菜，
是一段互相疗愈的过程。

话语婉转、动作轻巧、气质典雅，一位纤细的京都女子，这是我对智子的第一印象。虽然智子年纪比我小，但乍听到她的料理资历时真是自叹不如，恨自己怎么没像她一样早一点开窍。我当上班族多年后才把兴趣转成专业，但智子很早就了解自己对料理的热爱，年轻的时候一句法文都不会说就勇闯法国，并在法国完成了正规的料理与甜点学业。当时法文已经流利的她还留在巴黎实习，回到日本后，更因对料理的喜爱，不顾低薪与辛劳，只为了学习，在名餐厅、料理教室或学校做着与饮食相关的工作。工作之余，她会到筑地市场跟鱼贩学挑鱼、杀鱼，与各食材店老板聊天、增长食材知识，到名料理老师身边当兼职助理……她所做的一切，都是为了料理手艺的精进，可以说她是为料理而活着！

我是通过住在东京的朋友介绍结识智子的，在得知我想深入研修地道的日本家常菜之后，一位有地位的Chef[1]辗转推荐了智子。我们与翻译先约在咖啡厅互相认识，智子刚开始有点犹豫，说她只能在自己的租屋处教我，那儿只有一口瓦斯炉，而我并不在意，她还担心自己的深度是否足够到教人的程度。我请她不要担心："就是你从小吃到大的那些家常菜，是平日你或你的母亲会做的那些料理。"于是，接下来为我量身定做的料理课开始了。

但是，我不会日文，智子不会英文，而好友佩吟是专业翻译，她会适

---

1 Chef是法文"主厨"之意，是在厨房中带领所有厨师的重量级人物；在法国或日本，被称为"Chef"的人有着崇高的社会地位，受人尊重。

时伸出援手，担任我们的翻译。巧的是，我们三人住在同一区，走路就能到了。第一堂料理课，智子与我约在住处附近的超市，是涩谷车站旁的东急超市与"Food Show"（涩谷车站东横百货超市），这也是我平日会去的超市。智子开的菜单全部是京都家常料理，因为她的母亲、祖母都是京都人。京都人是日本人中很独特的一个群体，他们以自己固有的千年京都文化为傲，有自己的说话腔调与行事风格，遵循京都的传统这件事也彻底实践在了饮食上。

跟智子老师学习京都家常菜，对身体不好的我而言很不轻松，因为只有一个炉子，烹调时间就更长，再加上京都家常菜注重食材的准备，智子对每个步骤又讲求精确，料理技巧讲解得仔细，上课的时间自然拉得很长。东京租屋处冬冷夏热，有一次冬天上课时，翻译佩吟突然从手提包中拿出保暖的居家长毛袜，我们都笑了，有时上课实在太冷，我都不想把外套脱下。夏天时，没有空调，再加上火炉的高温，我们只能挥汗如雨地上课。

日本人习惯用矮桌，而我与佩吟都无法长久跪坐。每次上智子老师的料理课，跪坐礼节早就被我抛到九霄云外，一堂课六七个小时，我就动来动去地乱坐。佩吟毕竟嫁到日本多年，尽量谨守礼节，跪坐累了换姿势之后，还是会尽量再换回跪坐。而我最后总是两脚摊在矮桌下，伸得长长的。

同样身为料理老师，智子的料理课却是让我收获最多的课程，这源于

智子以料理为重心的生活态度，加上长年的研修与实务操作累积的经验，当然也得益于佩吟专业的翻译。当我们已经开动品尝时，智子继续聊着各种料理知识与技巧，而佩吟几乎不吃，尽责地为我们做翻译。

当然，我也很喜欢其他妈妈或老师教我的料理，不过，智子在料理思维上与一般家庭主妇并不相同，她会特别注意烹饪时的各种物理、化学变化，再整理出一般规律或尝试运用各种理论。这种料理思维常常在不自觉中发展出来，而妈妈们的料理则多来自经验与世代相传。

"和食"（日本的传统饮食文化）于2013年底被正式列为世界非物质文化遗产。智子对此感到非常开心。现今的和食就是以京都料理为基础发展

而来的，智子身为京都人，又对料理十分执着，让她于料理教学上更具使命感。她告诉我，当得知一个外国人愿意学习京都家常料理时，她深感意义不凡，她会尽其所能地传授关于京都家庭料理的一切给我，并且希望通过我与她之间的交流，让更多人认识和了解京都家常菜的美。

智子与我一样，都有一个关于料理的梦想，在料理课上我们分享各自对料理的热情与未来的蓝图。冬天上课时，她还没有对象，说起她有关厨艺教室的梦想时，她问已经有厨艺教室的我的意见，我说，对方当然要很支持她厨艺教室的梦想才有机会发展。她担心东京的房子太贵，我开玩笑地回答，那么找个有大房子的人当老公吧！啊！这真的是很好的解决办法，我们三人同时笑了，这根本就是把厨

艺梦想放第一、感情摆第二的想法。不过，玩笑归玩笑，从许多观念来看，智子与我同样因热爱料理，愿意为梦想努力，不放弃任何的学习机会，所以交流起来很有默契。佩吟有一次说："因为你们俩都是热爱料理的人，我常发现在面对料理或食材时，你们的脸庞或眼神会散发出同样的光彩。"

　　漫步东京的秋，拍拍落在肩膀的黄色银杏，又走过了被罕见大雪覆盖的东京。在樱丘町的樱吹雪中与佩吟边聊边往智子家走，又或者是夏日手拿一杯冰沙，从代官山的茑屋书店散步至樱丘町。东京的四季在流转，我与智子之间的料理课还未结束。我们约定日后要继续这样的料理进修，那是我们心中一致的梦想，点燃它，呵护它，发光发热则由机缘。我不想当一个有地位的 Chef，只想做一个料理

的传递者，随着每一次的料理课，让食物诉说自己的故事。

中日文口译
佩吟 / 专职翻译，中国台湾台北市人
摄影
王娜真、佩吟、Joyce

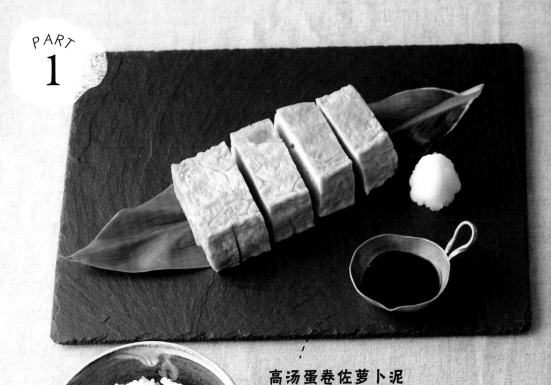

高汤蛋卷佐萝卜泥
だし巻き卵 大根おろし添え

土锅白饭
土鍋炊きごはん

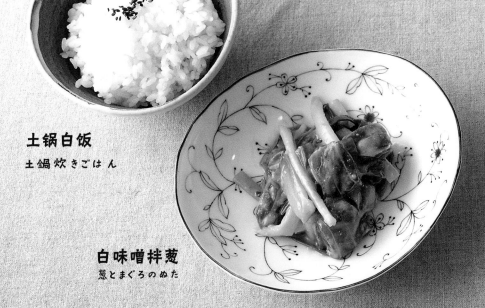

白味噌拌葱
葱とまぐろのぬた

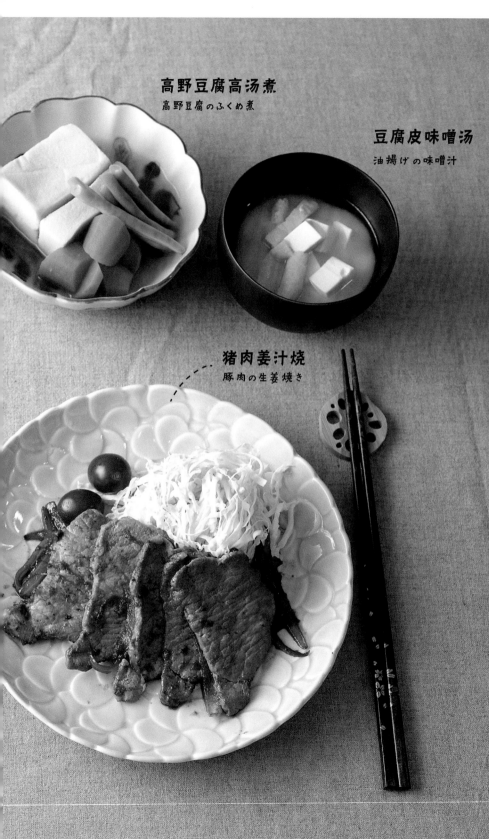

高野豆腐高汤煮
高野豆腐のふくめ煮

豆腐皮味噌汤
油揚げの味噌汁

猪肉姜汁烧
豚肉の生姜焼き

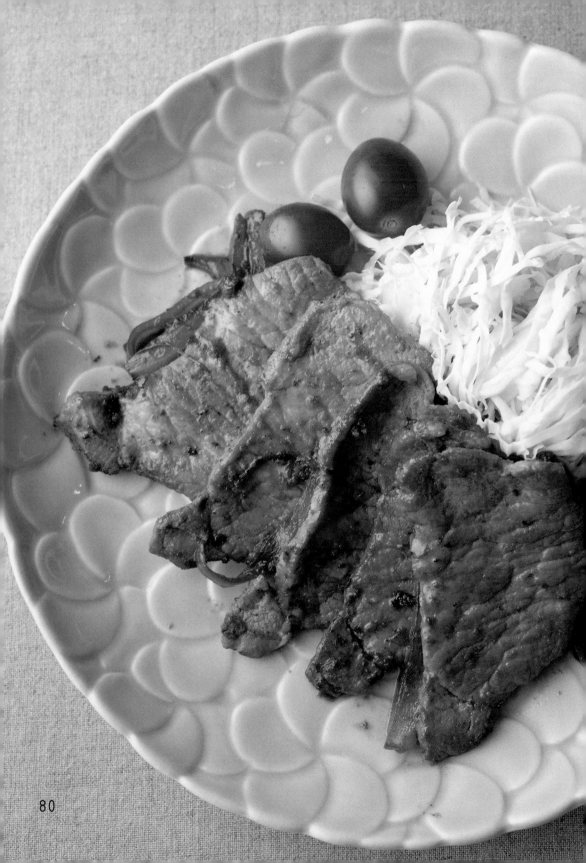

猪肉姜汁烧 豚肉の生姜焼き

食材（1 人份）

猪肉片 ⋯⋯⋯⋯⋯ 140g
（里脊烤肉片）
姜泥 ⋯⋯⋯⋯⋯ 1 大匙
姜汁 ⋯⋯⋯⋯⋯ 1 大匙
洋葱 ⋯⋯⋯⋯⋯ 95g
卷心菜 ⋯⋯⋯⋯ 40g

调味料

淡口酱油 ⋯⋯⋯ 20ml
味醂 ⋯⋯⋯⋯⋯ 20ml
清酒
┌ 腌肉用1 又 1/4 小匙
└ 酱汁用 ⋯⋯⋯ 20ml

酱汁做法

将淡口酱油、味醂、清酒以 1:1:1 的比例调匀，再放入姜泥。

○○○○○○○○○○○
point
将卷心菜丝泡水后会更脆，增加口感。

做法

1 卷心菜切丝，用冷水浸泡约 15 分钟，沥干备用。(a)

2 洋葱切细丝。

3 将猪肉片的筋切断，放入调理碗，再放入清酒、姜汁与洋葱丝一起拌匀。

4 锅热后倒入油，放入猪肉片煎至表面金黄后取出。(b)

5 在同一个锅中放入洋葱丝，炒至熟软后再将猪肉片放回锅内，开大火。(c)

6 倒入酱汁，翻炒至酱汁收干 1/2 或 1/3 即可，盛盘后，猪肉片旁放上卷心菜丝即完成。(d)

土锅白饭 土鍋炊きごはん

食材（3~4 人份）

米 ················· 2 杯
水 ········ 1.9~1.95 杯

做法

1 米洗净后，泡于冷水中。(a)

2 将米沥干后加水放入土锅中，盖上锅盖，开大火煮。(b)

3 水汽与蒸气溢出时，转到最小火，视天气状况用小火煮 5 分 50 秒至 6 分 30 秒。

4 时间到后关火，焖约 15 分钟，如要开盖，则最少需等 10 分钟。15 分钟后开盖，以饭匙拌匀即完成。(c)

> **point**
>
> 夏天泡米的时间可缩短，至少半小时，冬天则至少 1 小时。

高汤蛋卷佐萝卜泥 だし巻き卵 大根おろし添え

食材（2 人份）

鸡蛋 —— 5 颗（每颗约为 50g）
白萝卜 —— 1 小块
冷开水 —— 10 ml

调味料

浓厚高汤 —— 60 ml
（详细做法请参阅 P26）
盐 —— 1g

point

1. 白萝卜上半部辣味较轻，垂直磨泥能保证纤维不破坏，是美味的小技巧。

2. 品尝玉子烧时，将少许白萝卜泥放在玉子烧上，再淋几滴酱油，是最美味的吃法。

3. 我喜爱使用土鸡蛋做玉子烧，好吃的鸡蛋使玉子烧的美味度提升。

4. 做玉子烧时，使用浓厚高汤能凸显玉子烧的浓郁风味，但本书中的浓厚高汤为风味较浓重的高汤，故再加冷开水稀释使用为佳。

做法

1 鸡蛋于碗中打散，小心不要打出气泡，加入高汤、冷开水与盐，拌匀。

2 玉子烧锅热后，以油涂抹锅底，蛋汁分 4~5 次放入，煎出玉子烧。（详细做法请参阅 P43）

3 白萝卜磨泥，挤出水分，白萝卜泥摆在玉子烧旁，与小酱油瓶一起上菜。

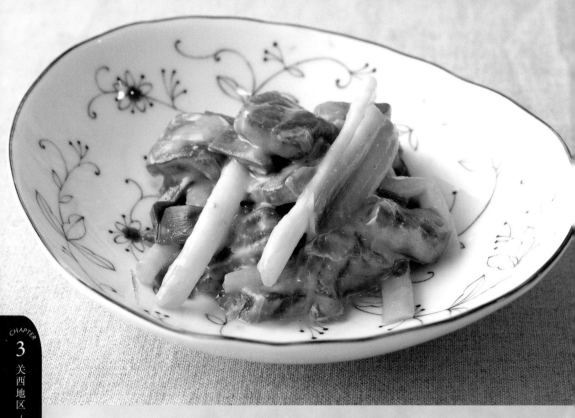

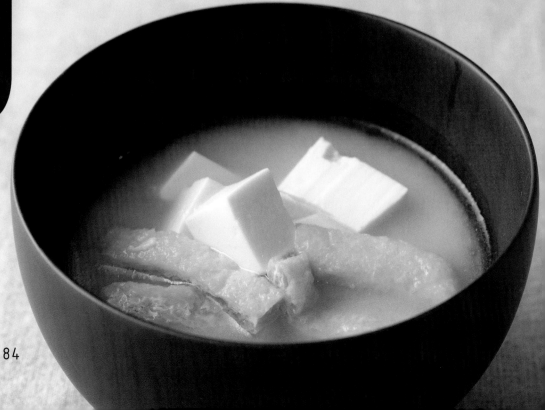

白味噌拌葱 葱とまぐろのぬた

食材

葱	80g
鲔鱼生鱼片	80g

调味料

日式高汤	1 小匙
白味噌	20g
味醂	1/2 小匙
淡口酱油	1/2 大匙
白醋	1/2 小匙
黄芥末	2g
绿芥末	适量
糖	3g

做法

1 将葱对半切，分成葱绿和葱白，葱白先放入滚水中，快烫熟时，再将葱绿放入锅中一起烫熟。

2 取出葱段冲冷水后，放在砧板上，以刀背刮葱绿部分，将浓稠黏液刮出，再切小段（约6~7cm）备用。(a)

3 鲔鱼生鱼片以厨房纸巾吸去多余血水后，切一口方块大小，放入淡口酱油与绿芥末，拌匀备用。(b)

4 将白味噌、黄芥末、糖、醋与味醂加入高汤调匀。

5 将步骤2、3、4一起拌匀即完成。

豆腐皮味噌汤 油揚げの味噌汁

食材（2 人份）

油豆腐皮	25g（1 片）
绢豆腐	200g（1/2 块）

调味料

味噌	4 大匙
日式高汤	600ml

做法

1 油豆腐皮以滚水烫过后捞出，挤干水分，切成条状。(a)

2 锅中放入高汤，续入豆腐皮略煮后，将味噌溶入高汤。(b)

3 最后放入绢豆腐即完成。

point

1. 绢豆腐不可久煮，否则会变硬。

2. 溶入味噌后，不可一直以大火滚沸，否则风味会减少。

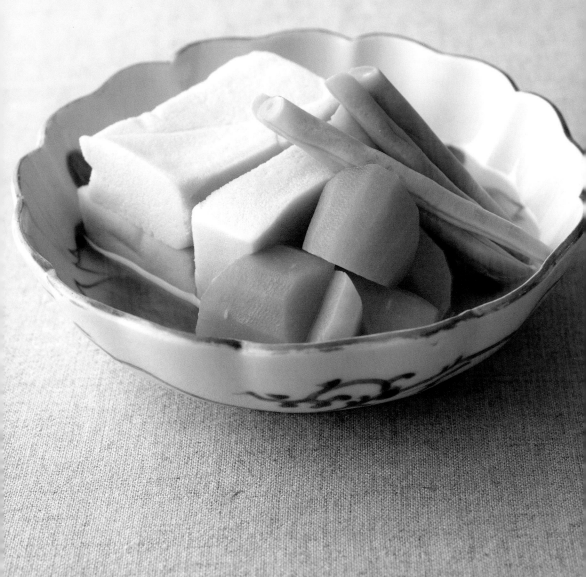

高野豆腐高汤煮 高野豆腐のふくめ煮

食材（2人份）

高野豆腐	5块
四季豆	70g
胡萝卜	120g

调味料

日式高汤	550ml
味醂	1大匙
淡口酱油	1小匙
糖	15g
盐	2g

做法

1 高野豆腐泡于温水中，多换几次水，每次换水时，一边压一边洗，把粉质洗掉，最后挤干水分备用。(a)

2 四季豆以盐巴（调味料分量之外）搓揉表皮，再放入滚水中煮软，以冷水冲凉备用。(b)

4 高汤中放入糖、味醂、淡口酱油、盐拌匀，再放入切滚刀块的胡萝卜，开火烧煮。

5 胡萝卜煮至快软时，放入高野豆腐，再煮10~15分钟（全程约40分钟）。(c)

6 盛盘前再放入四季豆一起煮即完成。

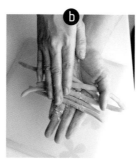

point

高野豆腐是智子老师最喜欢的料理之一。她说，现今许多日本人已经不太会处理高野豆腐了，对此她深感可惜。高野豆腐调味偏甜是其美味的重点，若要让豆腐充分吸收高汤的风味，确实得做好冲洗与换水的准备工作，还要准备偏甜的调味高汤，这样才能料理出美味的高野豆腐。

比目鱼红烧姿煮
ひらめの煮付け

醋拌明石章鱼
明石蛸ときゅうりの酢の物

小松菜与油豆腐煮物
小松菜と油揚げの煮物

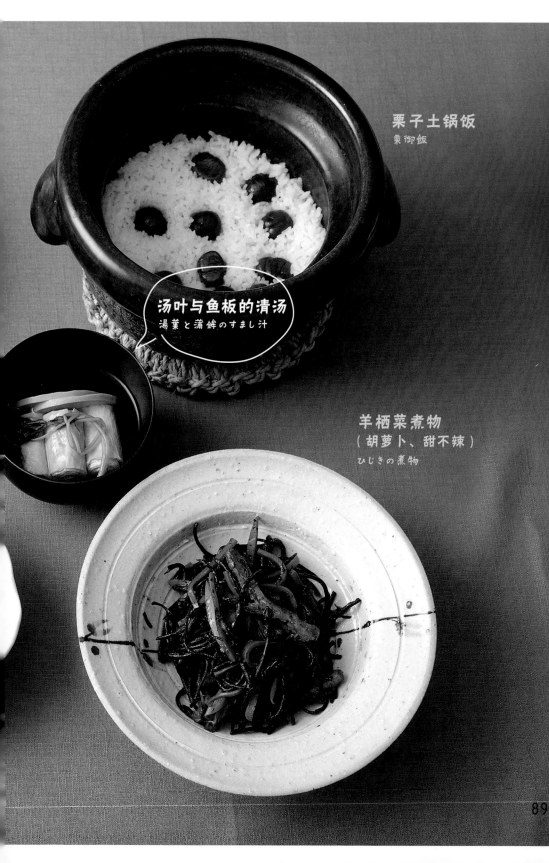

栗子土锅饭
栗御飯

汤叶与鱼板的清汤
湯葉と蒲鉾のすまし汁

羊栖菜煮物
（胡萝卜、甜不辣）
ひじきの煮物

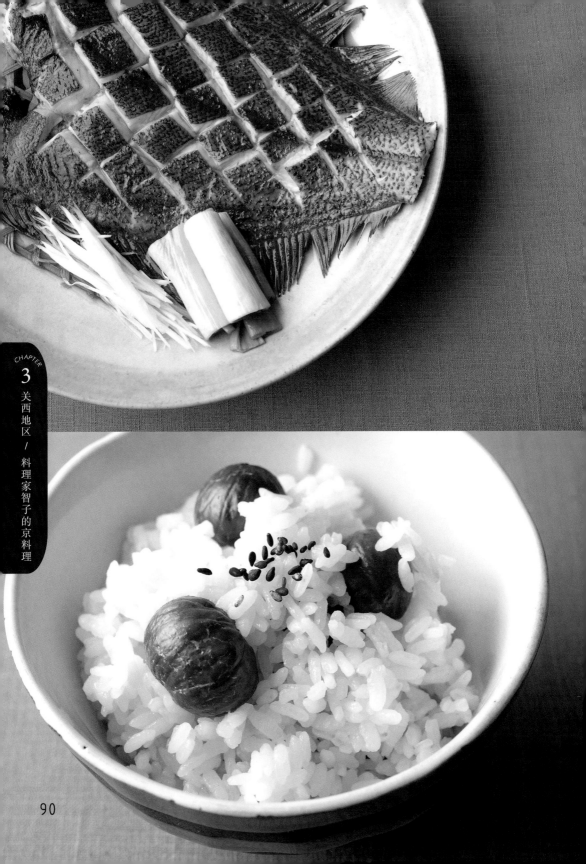

比目鱼红烧姿煮 ひらめの煮付け

食材

比目鱼 ——— 1尾
嫩姜丝 ——— 适量
大葱 ——— 适量

调味料

淡口酱油 —— 5大匙
味醂 ——— 4大匙
清酒 ——— 200ml
糖 ——— 15g
水 ——— 50ml
日本酸梅子 —— 1颗

做法

1 鱼洗净后尽快以纸巾擦干，并在表面划格子刀。(a)

2 锅内放入水、所有调味料与姜丝，煮滚后放入鱼。

3 鱼入锅再度滚起后，转中小火，以大匙舀起滚烫的汤汁持续浇淋在鱼表面，煮至全熟，再盛盘，旁边放姜丝、葱段即完成。(b)

point

1. 姿煮：保持鱼的姿态之煮法为日文汉字中之"姿煮"。姿煮上桌时，鱼头朝用餐者的左边摆放，如姿煮比目鱼，则黑色鱼皮为正面，需朝上。

2. 放入酸梅子与鱼同煮是小山家的家传煮法，可去鱼腥味。

3. 煮汁滚了以后才可放入鱼，这样鱼的腥味会随同水蒸气一起散发。

栗子土锅饭 栗御飯

食材

新鲜栗子 50g（约10颗）
米 ——— 1杯

调味料

昆布水 —— 165ml
清酒 ——— 5ml
盐 ——— 1g
黑芝麻 —— 少许

做法

1 米洗净后泡于水中至少1小时，再将米、昆布水、栗子依次放入土锅中。(a)

2 加入清酒与盐，再按土锅白饭煮法进行即可。（详细做法请参阅P82）

3 盛碗后撒上少许黑芝麻。

point

土锅可换成不锈钢锅，也可不用瓦斯炉，放入烤箱中来做栗子饭。米锅在炉上煮滚后，放入180℃的烤箱烤约15分钟即完成。

小松菜与油豆腐煮物 小松菜と油揚げの煮物

食材

小松菜 —————— 120g

油豆腐皮 ————— 15g

调味料

日式高汤 ——— 200ml

淡口酱油 ———2 大匙

盐 ——————— 适量

味酥 —————— 1 大匙

做法

1 小松菜洗净后将梗和叶切开，先在滚水中氽烫菜梗，再烫菜叶，取出后挤干水分，切段。

2 油豆腐皮以滚水烫过后，挤干水分切成条状（1×5cm）。

3 锅内放入高汤及所有调味料，开火烹煮。(a)

4 油豆腐皮先放入高汤锅中煮至入味，约 3 分钟，再放入小松菜煮 2~3 分钟即完成。

point

小松菜放入高汤锅中煮后，因蔬菜会出水之缘故，味道会变淡，可于此时再加入酱油与盐调味。

羊栖菜煮物（胡萝卜、甜不辣）ひじきの煮物

食材

干燥羊栖菜 ——— 15g
胡萝卜 ——————— 25g
甜不辣 ——————— 30g
（或竹轮）

调味料

芝麻油 ——————— 少许
日式高汤 ——— 50ml
淡口酱油 ——— 1 大匙
味醂 — 1 又 1/2 小匙
清酒 — 1 又 1/2 小匙

做法

1　将羊栖菜泡水 20 分钟，甜不辣切粗条，胡萝卜切丝。(a)

2　将芝麻油倒入锅中，加热后放入挤干水分的羊栖菜翻炒。

3　续入胡萝卜与甜不辣一起拌炒。(b)

4　放入清酒后略翻炒再加入味醂，拌炒后加入高汤，高汤盖过食材即可。

5　倒入酱油调味，以中小火煮 15~20 分钟或至入味即完成。

醋拌明石章鱼 明石蛸ときゅうりの酢の物

食材

明石章鱼 ……………… 30g

小黄瓜 ………………… 25g

泡过水的海带芽 20g

（也可以茗荷丝代替）

调味料

白醋 …………………… 35ml

糖 …………………………… 7g

盐 ……………………… 少许

淡口酱油 ……… 1/4 小匙

做法

1 小黄瓜切薄片（约 0.3cm 厚），抓盐静置，再去水备用。(a)

2 明石章鱼切片，海带芽略烫过即可。(b)

3 醋中放入糖，溶解后再放入盐、淡口酱油调匀。

4 小黄瓜、章鱼与海带芽放入醋调味汁拌匀即可。

point

书中示范使用的章鱼为筑地市场购入已烫熟的章鱼，若购买生章鱼，则需以盐水烫熟后再料理。

汤叶与鱼板的清汤 湯葉と蒲鉾のすまし汁

食材

干燥汤叶 ········· 3 个
鱼板 ············· 2 片
鸭儿芹 ··········· 1 株
柴鱼昆布高汤 360ml

调味料

盐 ·············· 1.62g

point

盐占高汤重量的 0.9%
是清汤最好喝的比例。

做法

1 取 180ml 高汤，煮滚后，氽烫鸭儿芹，取出后打结备
用。(a)

2 将干燥汤叶放入烫过鸭儿芹的热高汤中，泡软后取出。(b)

3 鱼板切片备用。

4 另取 180ml 高汤，小火滚煮，加入盐后再放入汤叶与
鱼板，略滚即可，盛碗后放入打结的鸭儿芹即完成。

面团子蔬菜味噌汤
すいとん

牛肉盖饭
牛丼

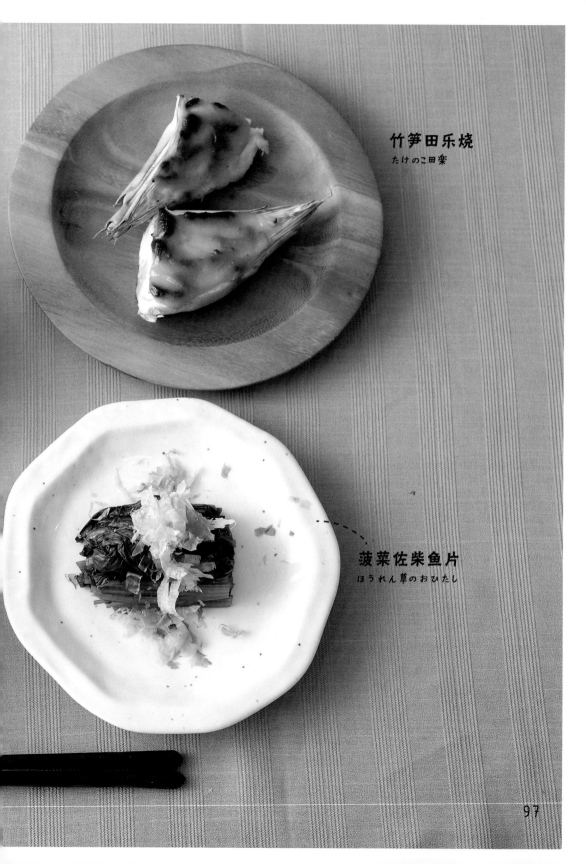

竹笋田乐烧
たけのこ田楽

菠菜佐柴鱼片
ほうれん草のおひたし

97

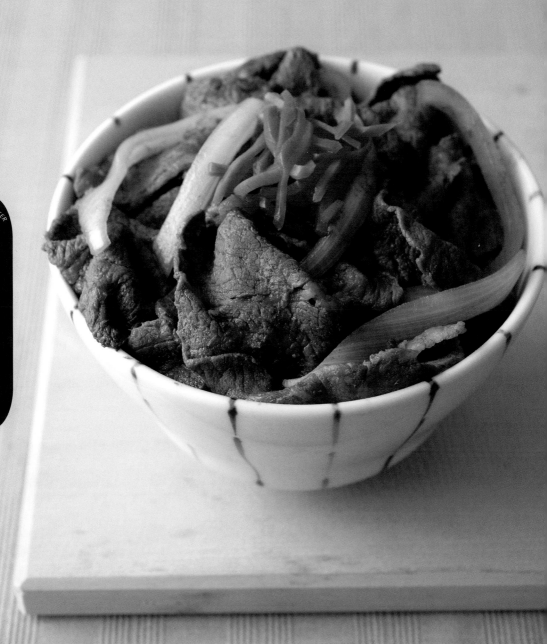

牛肉盖饭 牛丼

食材

牛肉 ············· 130g
洋葱 ············· 30g
姜泥 ············· 1 小匙

调味料

昆布水 ············· 50ml
（或昆布高汤）

淡口酱油 ············· 2 小匙
清酒 ············· 1 又 1/2 小匙
糖 ············· 1 小匙
红姜 ············· 少许

做法

1 将昆布泡于冷水中，放入冰箱一晚，即为昆布水。

2 姜磨成泥，洋葱切粗丝。

3 煮锅内放入昆布水、洋葱丝，开火烧煮。

4 再放入酒、酱油、姜泥、糖。

5 洋葱煮软后，放入牛肉，并捞掉浮沫。(a)

6 把白饭装入饭碗中，再将牛肉与洋葱丝连同汤汁铺
在上面，最后放上红姜即完成。

菠菜佐柴鱼片 ほうれん草のおひたし

食材

菠菜 ················· 70g
柴鱼片 ············少许

调味料

日式高汤 ········· 200ml
淡口酱油 ········· 30ml
盐 ···················少许

做法

1 菠菜洗净后，以高汤（100ml）烫熟，取出后挤干水分。

2 高汤（100ml）以淡口酱油（30ml）调味后（高汤和酱油比例为 3∶1），再加入少许盐。

3 将菠菜浸于步骤 2 的高汤中，20 分钟后翻面再浸。**(a)**

4 将菠菜取出后轻挤出调味高汤，切成 4~5cm 的长段，盛盘后撒上柴鱼片即完成。**(b)**

竹笋田乐烧 たけのこ田楽

食材

竹笋 ……………… 140g

调味料

白味噌 2 又 1/2~3 大匙
糖 ……………… 1 大匙
清酒 ——1 又 1/2~2 大匙
柚华 ……………… 1 小匙

做法

1 竹笋洗净后烫熟，整锅水连同竹笋放凉备用。将烤箱以 180℃预热。

2 将竹笋的根部切除，剖半对切，再根据图示划出刀痕。(a)

3 将所有调味料放入锅中，以中小火煮，混合均匀。

4 将竹笋放至烤盘中，抹上步骤 3 的酱料。(b)

5 再将竹笋放入烤箱，烤 20 分钟即完成。

（刀痕示意图）

○○○○○○○○○○
point
如买不到日本小柚子，可在进口超市买"柚华"，其为干燥柚子皮磨成的细粉，可当成替代食材。

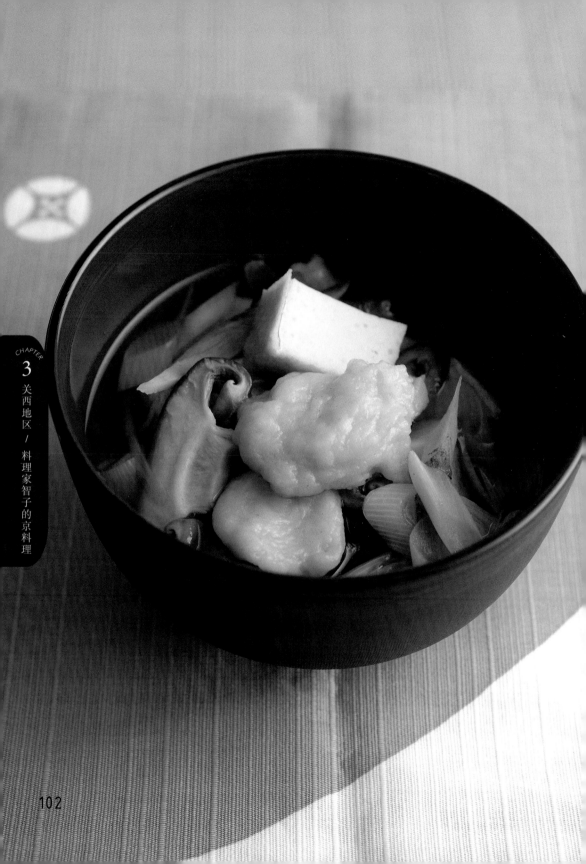

面团子蔬菜味噌汤 すいとん

食材（2人份）

鱼豆腐	60g
香菇	50g
大葱	35g
牛蒡	35g
面粉	25g
小鱼干高汤	650ml

调味料

淡口酱油	1大匙
盐	2g

做法

1 面粉加 20~22ml 的水揉至类似耳垂的硬度且不黏手，再揉面至略微出筋，放置备用。(a)

2 以手抓出一口大小的面团，放入滚水中，略烫即起锅。(b)

3 将鱼豆腐放入滚水中煮 1 分钟，取出切成小块（1.3×3cm）备用，大葱则斜切（1cm 宽）备用。

4 香菇去蒂，切片；牛蒡以削铅笔的方式削成片状（详细做法请参阅 P169），泡于水中。

5 将小鱼干高汤放入锅中，先放入牛蒡煮，水滚后放入香菇以小火续煮。

6 放入酱油、盐调味，再放入鱼豆腐以小火煮约 5 分钟。

7 续入大葱，最后放入面团，再煮 3~5 分钟即完成。(c)

🍲 料理小事

这是一道很特别的面团子什锦汤，因为这道汤饱含着智子老师母亲的饮食智慧。智子回忆说，小时候，偶尔桌上主食不足，智子的妈妈会煮这道汤，将和好的面团随意捏出一个一个的小丸子或面疙瘩，丢入已煮入味的蔬菜汤底中，等面疙瘩浮出水面后，再为汤调味，即可上桌。这一道汤品既可当主食又是一道美味的汤，一举两得。

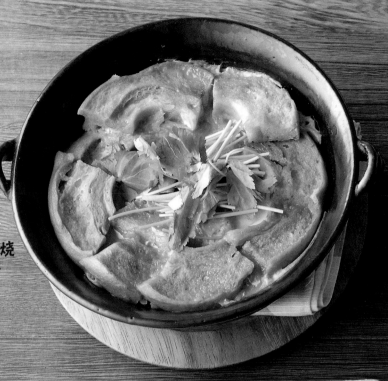

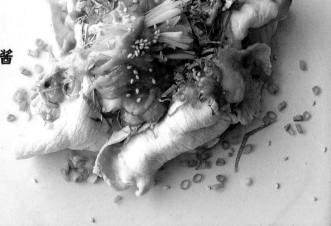

面筋蛋汁烧
車麩の卵とじ

猪肉卷心菜拌芝麻酱
冷しゃぶ胡麻だれ

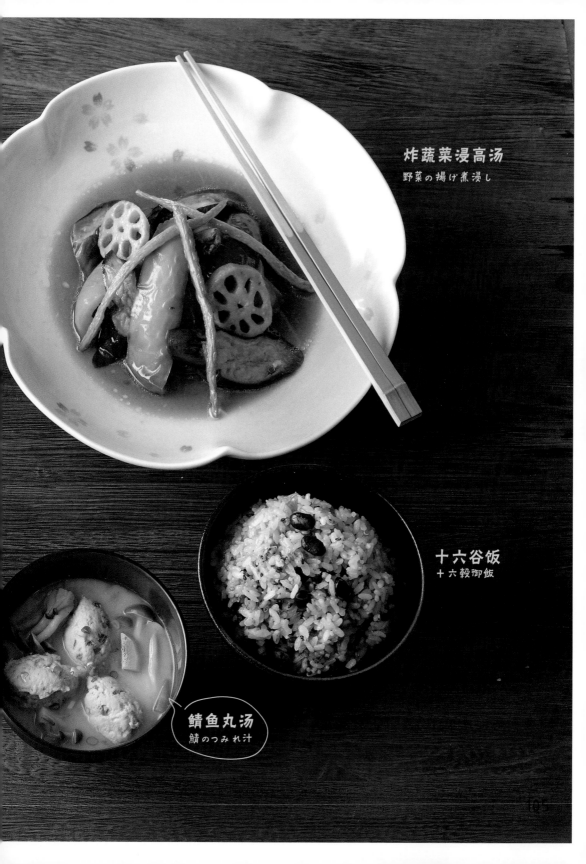

炸蔬菜浸高汤
野菜の揚げ煮浸し

十六谷饭
十六穀御飯

鲭鱼丸汤
鯖のつみれ汁

105

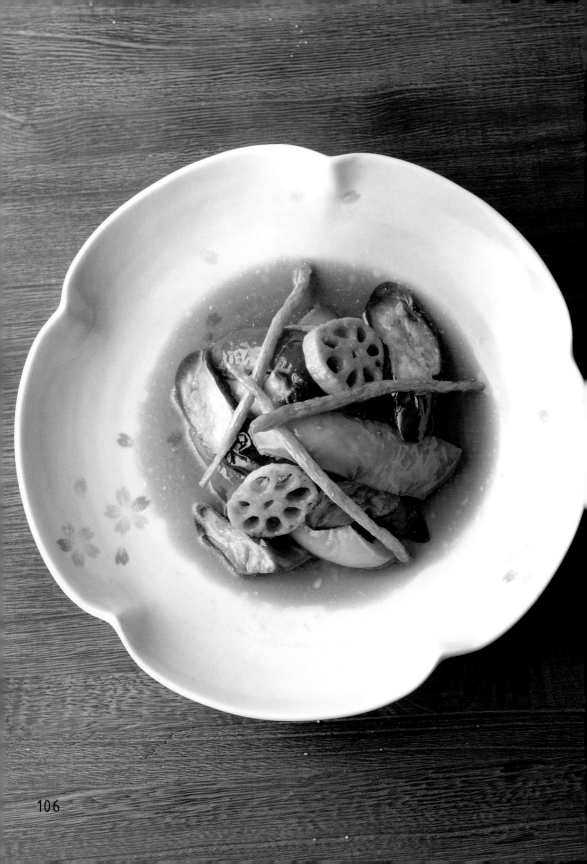

炸蔬菜浸高汤 野菜の揚げ煮浸し

食材

四季豆	50g
莲藕	150g
杏鲍菇	75g
茄子	115g
红、黄椒	100g
炸油	适量
面粉	1杯

（或马铃薯粉也可以）

醋水	适量

调味料

柴鱼昆布高汤	320ml
淡口酱油	40ml
味醂	40ml

做法

1 莲藕削皮后，切片（约0.6cm厚）泡于醋水中。

2 四季豆去除硬蒂，大支的杏鲍菇分切为二，茄子与彩椒均切片（约3.5cm宽）。(a)

3 取一浅盘，将高汤与酱油、味醂混合均匀。

4 所有蔬菜油炸前，均以厨房纸巾擦干，不留有水分，撒上面粉后，于油炸前拍除多余面粉。(b)

5 炸油加温至170~180℃，将蔬菜放入油炸。(c)

6 取出的炸蔬菜趁热放入步骤3的浅盘，浸于调味高汤中，至少浸渍约20分钟或自然放凉。(d)

7 将炸蔬菜取出盛盘，淋上少许调味高汤即完成。

---

point

1. 将炸好的食材浸于调味高汤中的技法称为"炸浸"（揚**げ**浸**し**），用这种烹饪法料理的食物放冷了以后也很美味，所以是夏天日本家庭餐桌上经常出现的料理。

2. 中国台湾常见的糯米椒也适合拿来做炸浸，糯米椒于油炸前以牙签于表面刺孔洞；洋葱、香菇也是适合炸浸之食材。

3. 炸浸蔬菜也可做成丼饭，只要将蔬菜铺在饭上，调味高汤再加少许酱油后，淋于丼饭上即可。

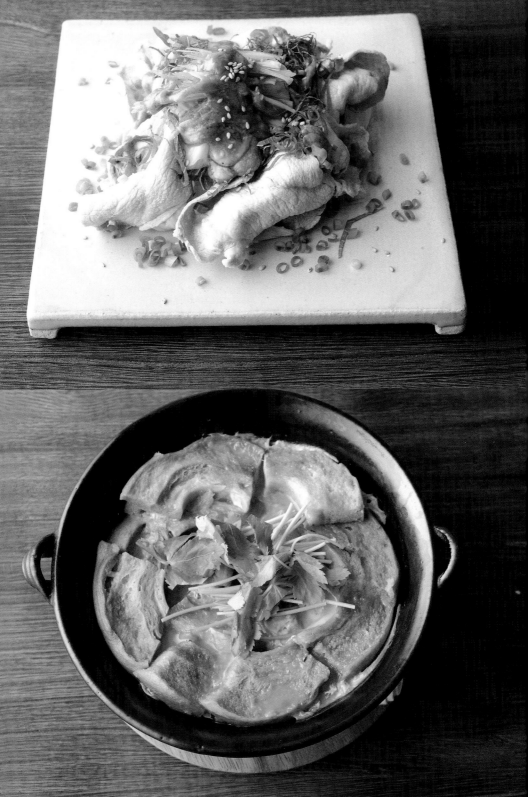

猪肉卷心菜拌芝麻酱 冷しゃぶ胡麻だれ

食材（2人份）

火锅猪肉片———— 150g
卷心菜 ————— 150g
茗荷 —————— 1颗
青紫苏 ————— 2~3片
日本小葱 ————— 2支
白芝麻 ————— 少许

调味料

白芝麻酱 ————— 2大匙
淡口酱油 ————— 1大匙
白醋——— 1又1/2大匙
味醂 ——— 3又1/2大匙
麻油 —————— 少许

做法

1 卷心菜切除粗梗，将叶片切为约2口的大小。

2 滚水中放入盐，先烫卷心菜，再烫猪肉片，烫好的卷心菜与猪肉片均放在沥网上自然放凉。(a)

3 茗荷与青紫苏分别切细丝、日本小葱切细末。

4 将猪肉片放入碗内，再倒入酱油，与猪肉片拌匀。

5 将白芝麻酱与其他调味料拌匀。

6 将卷心菜与猪肉片盛盘，淋上拌匀的调味料后，放茗荷丝、紫苏丝与日本小葱末，撒上白芝麻即完成。

point

在许多食谱中，经常见到将需要降温的蔬菜或肉类泡于冰水的做法，在此食谱中不建议泡入冰水，而是在常温中降温。因为在冰水中降温，食物的养分与风味易流失，也会让食材的含水量太高而影响酱汁的风味。若有适合在室温下降温的食材，可以此方法试试。

面筋蛋汁烧 車麩の卵とじ

食材（2~3人份）

干燥面筋 —— 6片
鸡蛋 ————— 2颗
鸭儿芹 ———— 少许

调味料

浓厚高汤 — 510ml
淡口酱油 — 35ml
糖 ————— 1小匙
味醂 ———— 20ml

做法

1 将面筋泡于水中至完全软化，鸭儿芹梗切段（叶片不需切）。

2 将浓厚高汤放进砂锅中，先放入酱油、糖与味醂，开火。

3 面筋以手挤干水分，切成4等份，放入砂锅，滚后转小火，再煮约5分钟。(a)

4 鸡蛋打散后，将一半分量的蛋汁淋在面筋上，盖上锅盖焖煮30秒。(b)

5 再将剩下的一半蛋汁倒入，关火，放入鸭儿芹后，盖上锅盖即完成。

point

面筋可在日系超市购得。

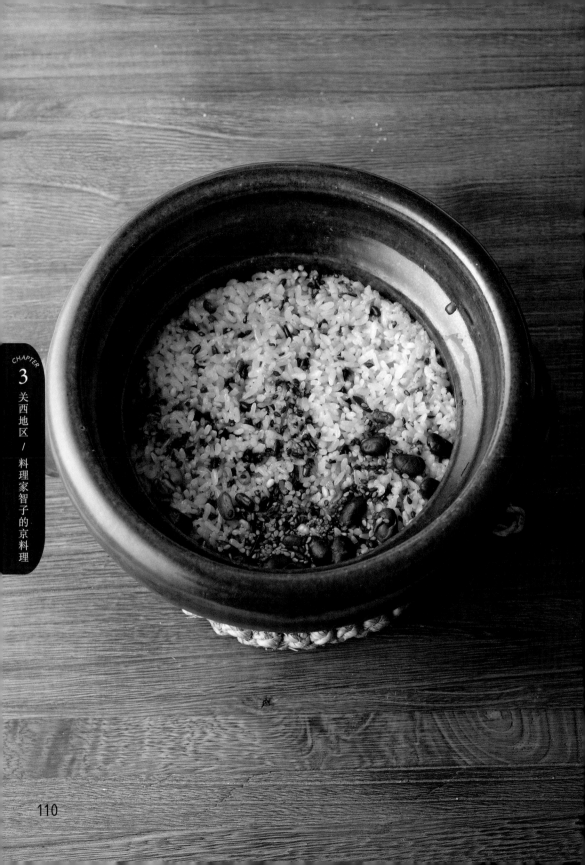

十六谷饭 十六穀御飯

食材

白米 ·········· 2 杯
十六谷 ·········· 30g
水 ·········· 2 杯

做法

1 米洗净后，泡在水中至少 1 小时，市售包装的十六谷米不需清洗，与米同泡。

2 沥干水分后，与 2 杯水同时放入砂锅中，盖上锅盖，放到火炉上开大火煮。(a)

3 水汽与蒸汽溢出时，转到最小火，视天气状况再煮 5 分 50 秒至 6 分 30 秒。

4 煮完后关火，焖约 15 分钟，如要开盖，最少需等 10 分钟，15 分钟后开盖，以饭匙拌匀。

point

1. 十六谷为日本小米、紫米、黑豆、彩叶苋子、发芽糙米、印第安麦、红扁豆、红豆、黑芝麻、白芝麻、黍米、大麦、红米、紫穗稗、薏仁、绿豆仁。

2. 市面上有售现成的十六谷米综合包，用起来非常方便，如果想要自己个别购入每一种谷物再混合使用，也没问题哦！

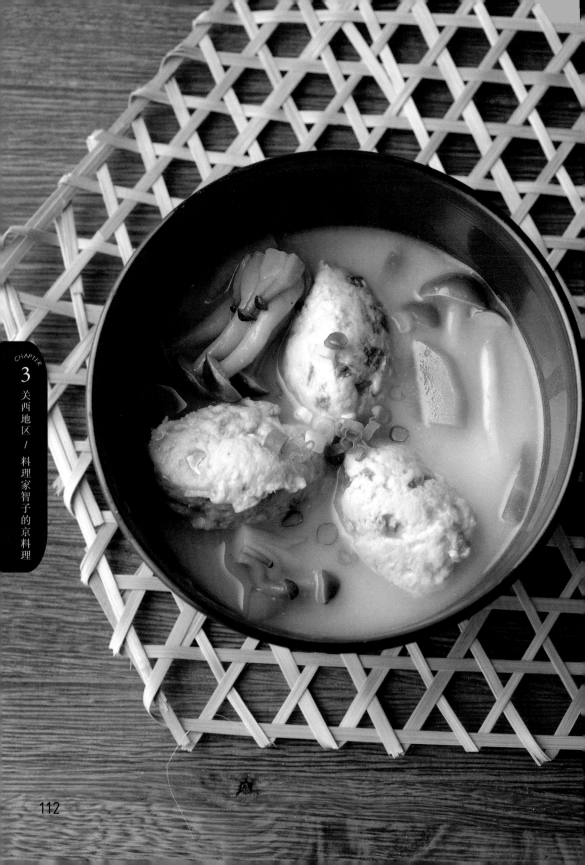

鲭鱼丸汤 鯖のつみれ汁

食材（2 人份）

※ 大约 8~9 颗丸子

鲭鱼 ⋯⋯⋯⋯⋯ 155g
（或沙丁鱼）

蟹味菇 ⋯⋯⋯⋯ 45g
胡萝卜 ⋯⋯⋯⋯ 20g
面粉 ⋯⋯⋯⋯⋯ 50g
日本小葱 ⋯⋯⋯ 少许
姜汁 ⋯⋯⋯⋯ 1 小匙
柴鱼昆布高汤 420ml

调味料

白味噌 ⋯⋯⋯⋯ 2 大匙

做法

1 以片鱼技法片出鱼片（详细做法请参阅 P29），再撕掉鱼皮，用小夹子仔细夹出硬刺，切成小块备用。(a)

2 将胡萝卜与白萝卜切片后再分切 4 等份。

3 蟹味菇以手撕成数等份。日本小葱切细末，备用。

4 在锅中放入高汤，再放入蔬菜，煮滚后转小火。

5 将鱼片放入磨钵中，再放入味噌（1/2 大匙）、面粉与姜汁，以山椒棒研磨拌匀。(b)

6 以 2 支汤匙将鱼泥做成梭子形状，放入小火煮滚的蔬菜汤汁中。(c)

7 再于锅中放入味噌（1 又 1/2 大匙），盛碗后放少许葱末即完成。(d)

莓大福
いちご大福

氽烫芥蓝
カイラン（芥藍）の辛子あえ

竹荚鱼萝卜煮
鯵のおろし煮

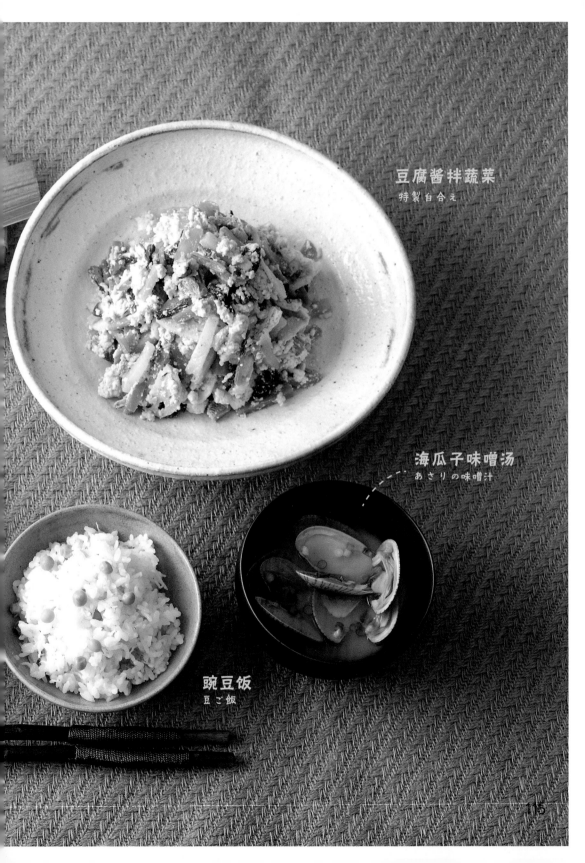

豆腐酱拌蔬菜
特 製 白 合 え

海瓜子味噌汤
あ さ り の 味 噌 汁

豌豆饭
豆 ご 飯

115

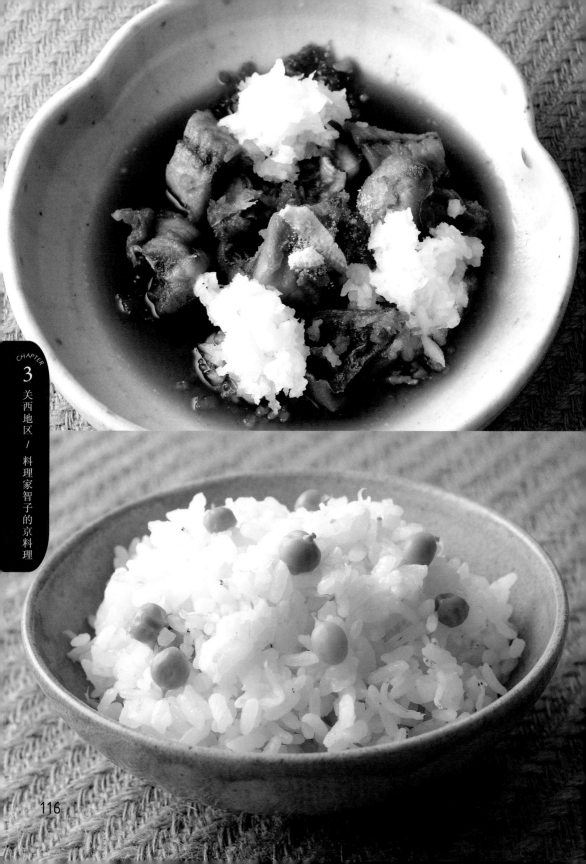

竹荚鱼萝卜煮 鯵のおろし煮

食材

竹荚鱼	3 尾
面粉	半杯
白萝卜	100g

调味料

日式高汤	200ml
淡口酱油	50ml
味醂	50ml
柚子皮	少许
柚华	少许

做法

1 将竹荚鱼片出鱼片后，拔掉鱼刺，切掉腹部肉，切成 3cm 宽的块状备用。(a)

2 白萝卜削皮后，以鬼竹磨出粗末（或以菜刀切成粗末）。

3 鱼片蘸裹面粉后，放入 180℃的油中炸熟，取出备用。(b)

4 将高汤、酱油与味醂放入小锅内，开火烧煮，再放入 60g 的白萝卜粗末。

5 放入炸好的鱼片，滚后转小火，再煮 2~3 分钟。(c)

6 盛碗，淋少许汤汁在鱼片上，再放入剩下的白萝卜粗末以及柚子皮与柚华即完成。

豌豆饭 豆ご飯

食材

豌豆仁	50g
（或青豆仁）	
米	1.5 杯
水	240ml
吻仔鱼	35g

调味料

清酒	5ml
盐	1/2 小匙

做法

1 米洗净后，将米泡在水中至少 1 小时。

2 沥干水分后，与水同放入砂锅中，再放入酒与盐，续入豌豆仁，拌匀，盖上锅盖，放到火炉上用大火煮。

3 水汽与蒸汽溢出时，转到最小火，视天气状况煮 4 分 50 秒至 5 分 30 秒。

4 以盐水烫熟装饰用的豌豆。

5 煮完后关火，焖约 10 分钟，开盖放入吻仔鱼，再焖约 5 分钟。

6 开盖后以饭匙拌匀，盛碗后再放入以盐水烫熟的豌豆即完成。

氽烫芥蓝 カイラン (芥藍)の辛子あえ

食材

芥蓝 ············· 150g

调味料

昆布高汤 ── 120ml
盐 ··············· 少许
淡口酱油 ── 20ml
味酥 ············· 10ml
黄芥末粉 1/4 小匙
（或黄芥末）

做法

1 芥蓝洗净后，削掉叶梗的皮，于粗梗的地方划十字刀。(a)

2 昆布高汤加盐煮，汤滚后烫熟芥蓝，烫至以小刀可刺穿梗部即可捞出，自然放凉。(b)

3 取一个盘子放入少许昆布高汤调匀黄芥末粉或黄芥末，视个人口味增减分量，再倒入酱油与味酥。

4 将芥蓝放入步骤 3 的调味料中，浸渍 15~20 分钟，其间翻面数次，即可取出切段盛盘。(c)

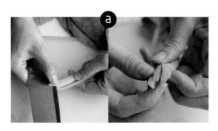

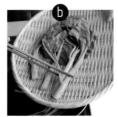

海瓜子味噌汤 あさりの味噌汁

食材

海瓜子 ⋯⋯⋯⋯ 230g
日本小葱 ⋯⋯⋯ 少许

调味料

京都白味噌 1 大匙
清酒 ⋯⋯⋯⋯⋯ 80ml
水 ⋯⋯⋯⋯⋯⋯ 80ml
日式高汤 ⋯⋯⋯ 85ml

做法

1　海瓜子于料理前，先放入 3% 的盐水中吐沙，最少 30 分钟。

2　在锅中放入酒与水，再放入海瓜子，开火，只要海瓜子一开口即取出。

3　锅内之汤汁为海瓜子的精华，加入日式高汤，一边煮滚一边捞除浮沫。(a)

4　放入味噌，待全部味噌溶入汤中后，放入海瓜子，熄火，盛碗后放入少许葱末即完成。

point

从冷水开始煮贝类，提取出的汤汁最鲜美，也可只使用水，在这儿使用水与酒。不论是水或水加酒，或日式单纯的酒蒸贝类，都请从冷水冷酒开始料理。

🍲 料理小事

　　豆腐酱拌蔬菜是小山家的家传味道，这一道料理是由祖母传给智子的母亲，母亲再传授给智子的，是传了三代的味道。智子说，这道菜是她最喜欢的母亲所做的料理之一，虽然每次使用的蔬菜不一定，通常是应季蔬菜，但是，有些食材是这道料理中不可或缺的，它们分别为魔芋与莲藕。或者，我该说，是小山家的豆腐酱拌蔬菜之必用食材。智子的母亲喜爱使用已经不是那么新鲜的木绵豆腐来做这道料理，比较不新鲜的木绵豆腐可以挤出最多水分，豆腐酱使用的豆腐，水分愈少，这道料理愈显清爽高雅。

豆腐酱拌蔬菜 特製白合え

食材（4~5人份）

小松菜 ———— 110g
（或菠菜）

魔芋 ————— 100g
莲藕 ————— 100g
胡萝卜 ———— 100g
香菇 ——— 40g（5朵）
油豆腐皮 ——— 45g
去骨鸡腿肉 100g
木绵豆腐 ———1块

调味料

淡口酱油 — 1大匙
白芝麻 ——— 2大匙
京都白味噌 4大匙
糖 ———— 2/3大匙
日式高汤 — 1600ml
（二番高汤或水）

做法

1. 木绵豆腐以重石压出水分，至少压2~3小时。(a)

2. 胡萝卜切短条状，香菇去蒂切片，魔芋切成与胡萝卜相似大小，莲藕切片后，如太大片则再对切或分切为4等份。

3. 700ml高汤煮滚后，放入胡萝卜，煮至快软时将香菇放入再煮约3分钟。捞起食材后，将小松菜放入烫熟，取出后切成2.5cm的长段。接下来在高汤内加入白醋，放入莲藕烫熟，但需仍保有口感。

4. 另取400ml高汤放入锅中，煮滚后放入魔芋，再滚后，煮约1分钟，将魔芋捞起放入盘中自然放凉。

5. 将剩下500ml高汤放入锅内，煮滚后转小火放入豆腐，烫2~3分钟，取出备用。将切一口大小的鸡肉放入烫煮至熟，取出过冷水沥干备用。剩下的高汤直接烫油豆腐皮，取出挤干水分切成短条状。(b)

6. 在磨钵中，先放入白芝麻，以木棒磨出香气后，加入白味噌续磨，并放入糖与酱油，再放入豆腐以木棒捣碎，并与其他配料充分混拌。(c)

7. 磨匀后与所有烫过处理好的食材混拌均匀即完成。(d)

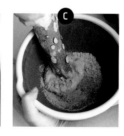

point

1. 如果要做进阶版，则需在烫蔬菜与肉等所有食材的过程中全部使用二番高汤（P27），这样一来，所有食材会因吸收高汤而更显美味。

2. 除了食谱内所写之食材，智子也喜欢使用竹轮，会是另一种风味哦！

3. 烫煮豆腐时，水滚了之后转到小火，以手拨碎豆腐，放入滚水锅中，虽然是加热，但不可至滚，以免把豆腐煮硬。

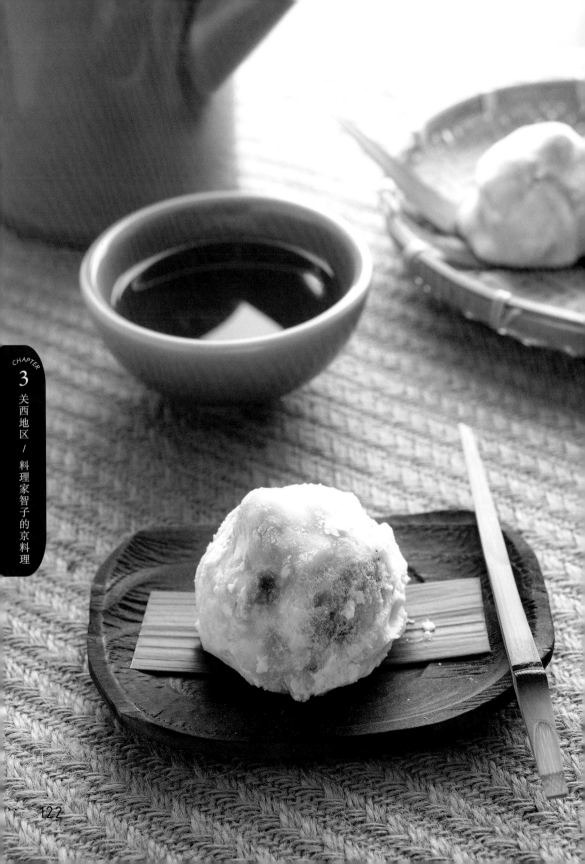

莓大福 いちご大福

食材（6 颗份）

糯米粉 ·············· 50g
水 ·············· 90ml
马铃薯粉 ·············· 适量
红豆馅 ·············· 150g
草莓 ·············· 6 颗

调味料

糖 ·············· 50g

做法

1 将糯米粉、糖与水倒入碗内混合均匀，覆盖保鲜膜，放入微波炉以强火加热 3 分钟，或者放入小锅内以小火加热，一边加热一边搅拌 3~5 分钟。(a)

2 在盘中放入马铃薯粉，以蘸过水的木匙将加热的糯米团倒入盘中，分成 6 等份。(b)

3 红豆馅也分成 6 等份，草莓去蒂。

4 先以红豆馅包住草莓的 2/3 部分，只留下 1/3 的上部。(c)

5 再以手将糯米团整出像小圆饼皮的形状，中间部分较薄。先用中间部分包住草莓露出的上半部分，再包下半部分，收口藏在莓大福的最底部即完成。(d)

point
草莓使用前，请以厨房纸巾擦干水。

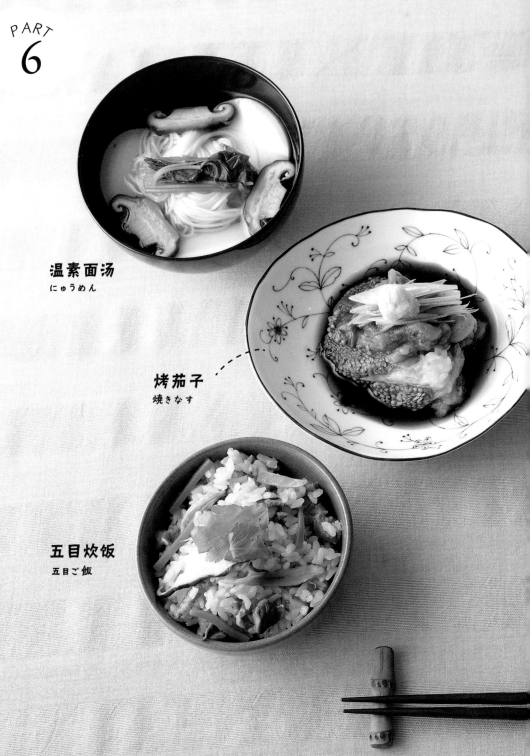

温素面汤
にゅうめん

烤茄子
焼きなす

五目炊饭
五目ご飯

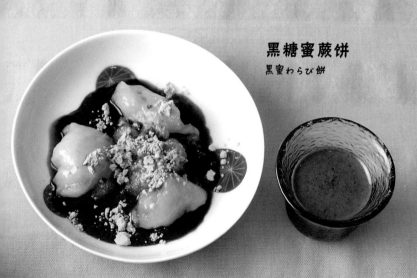

黑糖蜜蕨饼
黒蜜わらび餅

小山家可乐饼
コロッケ

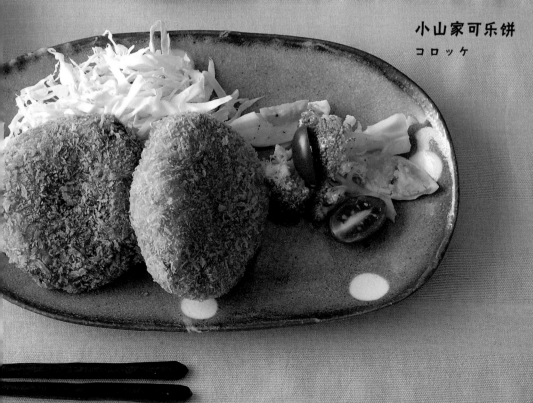

🍲 料理小事

　　小山家可乐饼是智子母亲的家传
味道，是智子最怀念的妈妈料理。智
子喜欢妈妈并未把马铃薯全压成细泥，
而是保留一些马铃薯块，留下特有的
小山家可乐饼的口感。

小山家可乐饼 コロッケ

食材（4~5人份）

马铃薯	700g
牛绞肉	100g
猪绞肉	100g
洋葱	100g
卷心菜丝	30g
小番茄	2~3颗
西兰花	1/4颗
白煮蛋	1颗

调味料

糖	15g
黑胡椒	少许
淡口酱油	30g
面粉	适量
蛋汁	1~2颗
面包粉	适量
美乃滋	5g
橄榄油	1/2小匙
盐	少许

point

不吃牛肉的人，食材中的肉类可全部使用猪肉哦！

做法

1 起一锅滚水，加入盐，放入削过皮的整颗马铃薯，煮熟后捞出，另将西兰花放入烫熟，取出备用。

2 洋葱切末，锅热后放入少许油，煸香洋葱末至熟软程度。

3 放入猪绞肉与牛绞肉，翻炒至熟并出油汁，再加入糖与黑胡椒少许，翻炒约2分钟。

4 加入酱油，仔细翻炒至绞肉上色并有酱香味。(a)

5 将绞肉倒入大盆中，放入马铃薯。捣碎马铃薯，留有一些块状会较有口感，再将绞肉与马铃薯拌匀。(b)

6 将绞肉马铃薯泥分成4~5份做成饼状，锅中放入炸油，开火加温。

7 将步骤6中的小饼蘸面粉后拍除多余面粉，再蘸蛋汁，并裹以面包粉。(c)

8 将步骤7中的小饼放入180℃油中炸至表面金黄即可起锅。(d)

9 将美乃滋、橄榄油、胡椒与盐拌匀，再拌入白煮蛋与西兰花。

10 将可乐饼盛盘，旁边摆放西兰花沙拉与卷心菜丝、番茄即可。

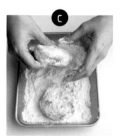

127

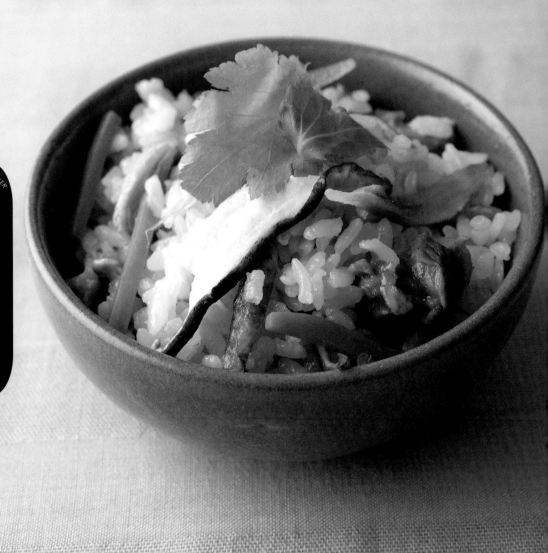

五目炊饭 五目ご飯

食材（2~3人份）

米	1 杯
香菇	20g
胡萝卜	20g
牛蒡	15g
魔芋	30g
去骨鸡腿肉	75g
油豆腐皮	15g
昆布(5x5cm)	1 小片
鸭儿芹	2~3 支

调味料

柴鱼昆布高汤 140ml
淡口酱油
　┌ 煮饭用 1/2 小匙
　└ 腌制鸡肉用 1/2 大匙
味醂 1/2 小匙

做法

1 米洗净后，与昆布同放在水中浸泡至少 1 小时。

2 魔芋切短条状后，放入滚水中煮约 2 分钟，取出沥干放于盘中自然放凉。

3 香菇去蒂后切片，胡萝卜切丝。

4 牛蒡以刀背刮除外皮后，先以直刀切出数条，再以削铅笔方式切出牛蒡丝，放入冷水中以避免氧化。（图示请参阅 P169）

5 油豆腐皮以滚水烫过后，挤干水分，切丝备用。

6 鸡肉切成一口大小，放入碗中，再放入 1/2 大匙酱油，拌匀备用。

7 将高汤、1/2 小匙淡口酱油、味醂在砂锅中调匀，尝味道后酌情加盐。

8 将米与昆布沥干，放入砂锅内，牛蒡挤干水分与所有备好之食材放于米上。(a)

9 盖上锅盖按砂锅饭煮法（详细做法请参阅 P82）煮熟即可。

10 盛碗时，放上鸭儿芹叶片即完成。

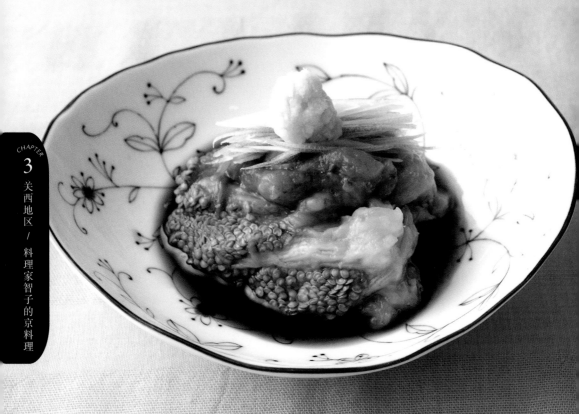

烤茄子 焼きなす

食材

茄子 ─────── 470g
茗荷 ─────── 1/4 颗
姜泥 ─────── 1 小匙

调味料

淡口酱油 ── 20ml
日式高汤 ── 5ml

做法

1 以牙签在茄子表面刺穿许多孔洞，再放在烤盘上。放入烤箱以 190℃烤 45 分钟或至表面全部变黑，中途需要拿出来翻面数次。(a)

2 取出烤好的茄子，将黑色表皮剥下，放入盘中再置于冰箱冷藏至少 1 小时。(b)

3 取出茄子后切段盛盘，将酱油与高汤以 4：1 的比例调好再淋入。

4 放上茗荷丝与姜泥即完成。

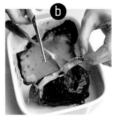

🍲 料理小事

　　烤茄子对智子来说，是美好的饮食回忆，这是智子的父亲非常喜爱的一道料理。在夏天，智子家每隔两三天就要吃一次烤茄子呢！烤茄子最美味的吃法是，烤完并剥掉焦黑外皮后，放入冰箱冷藏至少 4 小时，拿出来淋上酱油与高汤后，冰冰凉凉地享用，这才是夏天的美味。

温素面汤 にゅうめん

食材

素面 ⋯⋯⋯⋯⋯ 25g
鱼板 ⋯⋯⋯⋯⋯ 2 片
香菇 ⋯⋯⋯⋯⋯ 10g
鸭儿芹 ⋯⋯⋯ 2~3 支
柴鱼昆布高汤 140ml

调味料

盐 ⋯⋯⋯⋯⋯⋯ 少许

做法

1 香菇去蒂切片，鱼板切片后备用。

2 起一锅滚水，先烫熟鸭儿芹，取出过冷水备用，再按素面包装上指示的时间煮好。

3 将素面以冷水搓揉，冲洗掉外表的黏液，放入碗中。(a)

4 将高汤放入锅中，开火，放入鱼板与香菇，以盐调味，将汤盛于素面碗中，再放入烫熟的鸭儿芹即可。

关于京都家常料理おばんざい

京都家常料理不同于日本各地方的料理，那些料理通称为地方料理或乡土料理，如新潟地方料理或九州乡土料理。京都家常料理在日文中有一个专有名词，称为"おばんざい"（读音 O-ban-zai），由此可见京都家常菜在和食中的地位。

现今所见到的许多日本家庭料理都是以京都家常料理为基础而发展出来的。在东京的百货公司熟食专柜中，经常能见到京都家常料理，如本书 P120 的京都白豆腐酱拌蔬菜。"おばんざい"并无汉字翻译，我与几位日文翻译讨论过，虽然可以翻译为"京番菜"，但此名词看不出真正的意义，我们觉得最好的翻译还是回归它原本的意思——"京都家常料理"。

此篇章中与智子老师所学习的料理大部分为传统的京都家常料理，属流传久远的传统京都家常料理。

以京都为主的关西地区料理，在调味或味道上都不同于关东地区，这两个地区在料理上的最大差别在于高汤。因为高汤不同，会影响所使用的调味料，进而出现关西料理的清淡、关东料理的味重色深的区别。关西所使用的酱油通常为淡口酱油（或翻译为薄口酱油），酿造淡口酱油的小麦为浅烘焙，而且会在酱油内添加酒，与关东主要使用的浓口酱油相比，颜色与香味都较淡，但含盐量较高，实际上比浓口酱油还咸呢！

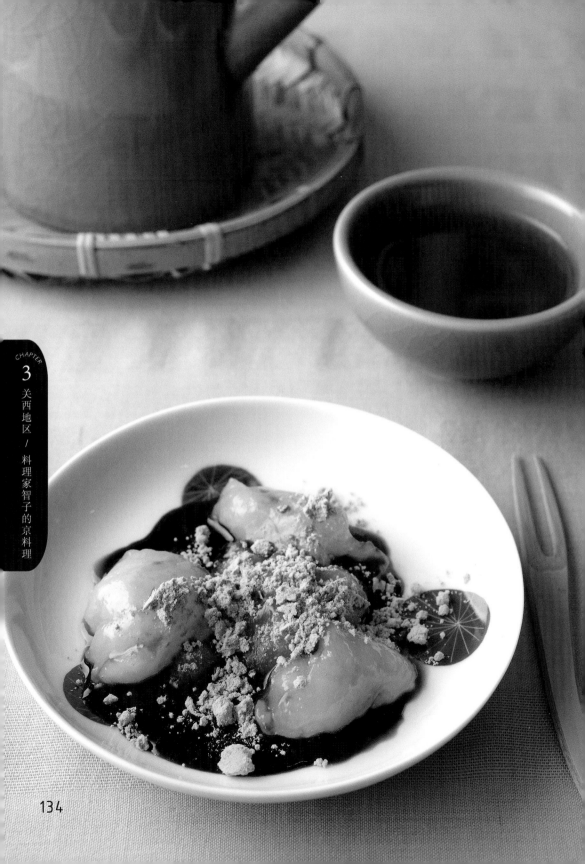

黑糖蜜蕨饼 黑蜜わらび餅

食材（2人份）

蕨饼粉 ·············· 80g   砂糖 ·············· 35g

黄豆粉 ·············· 适量   水 ·············· 35g

冲绳黑糖 ·············· 35g

做法

1 将黑糖、砂糖与水放入锅中，开火烧煮，如有浮沫则捞除，只要糖溶化即可熄火，即为黑糖蜜。(a)

2 蕨饼粉按包装指示之比例于锅中与水、糖调和。

3 将锅放到火炉上，开火后以木匙一边煮一边搅拌，直至透明。(b)

4 备一盆冷开水，以汤匙将蕨饼取出放入冷水中。(c)

5 捞出冷却的蕨饼，沥干后放入盘中，撒黄豆粉，与黑糖蜜一起食用。

PART
7

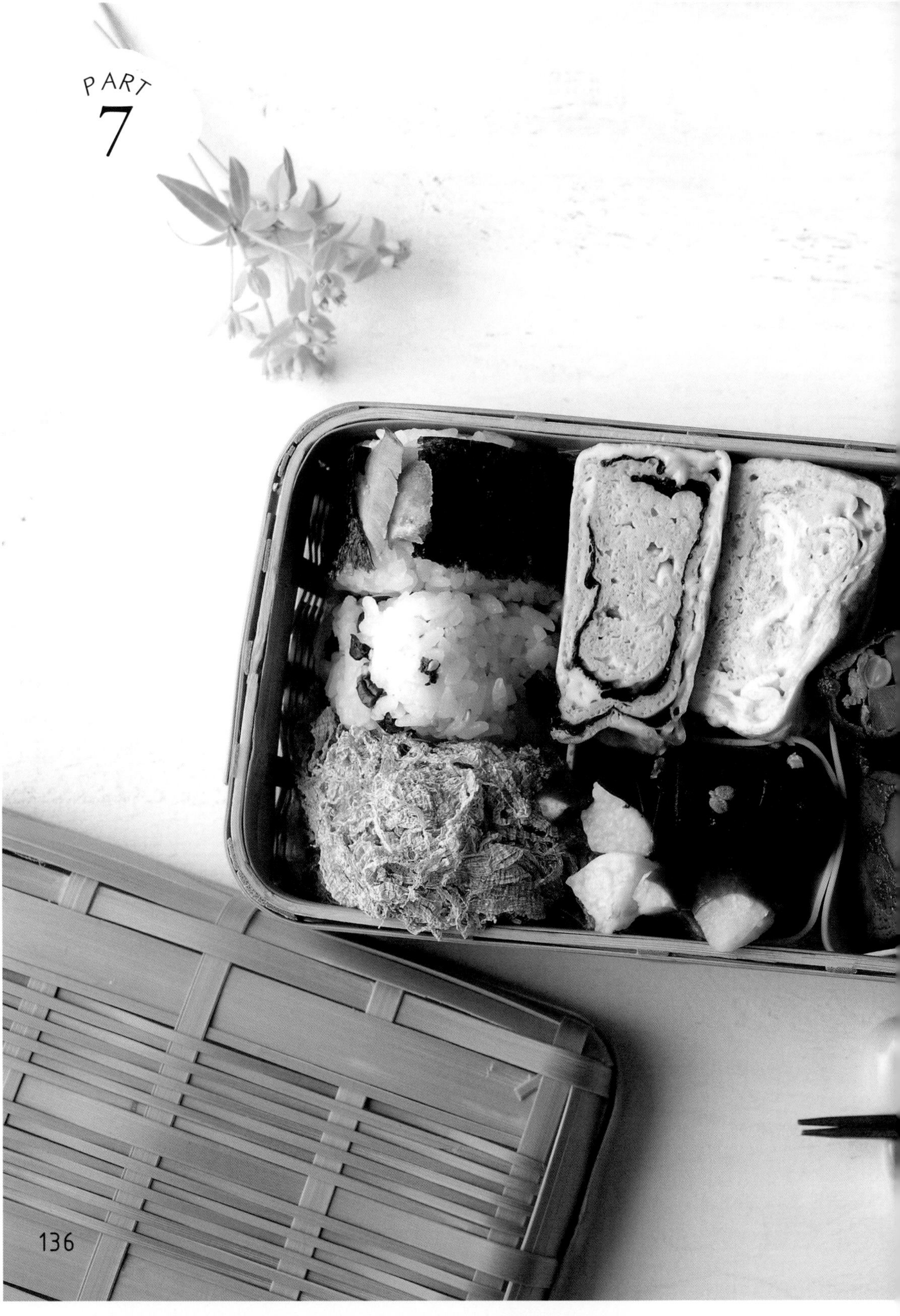

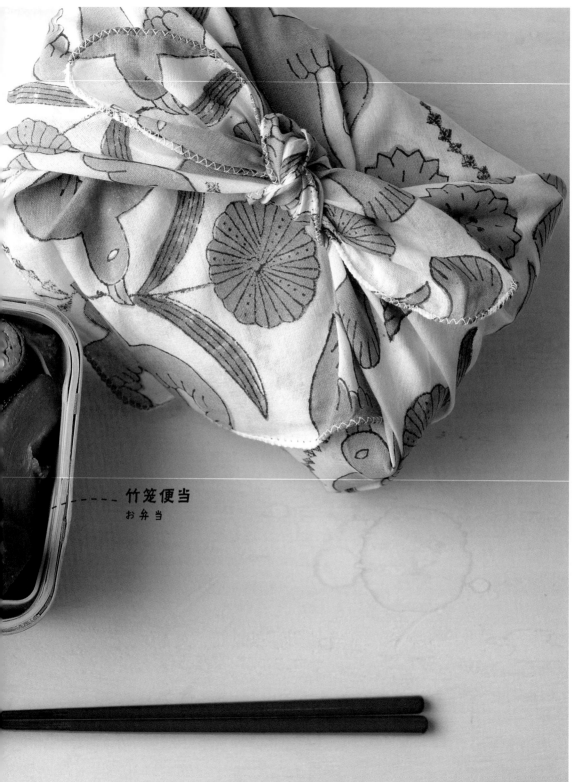

竹笼便当
お 弁 当

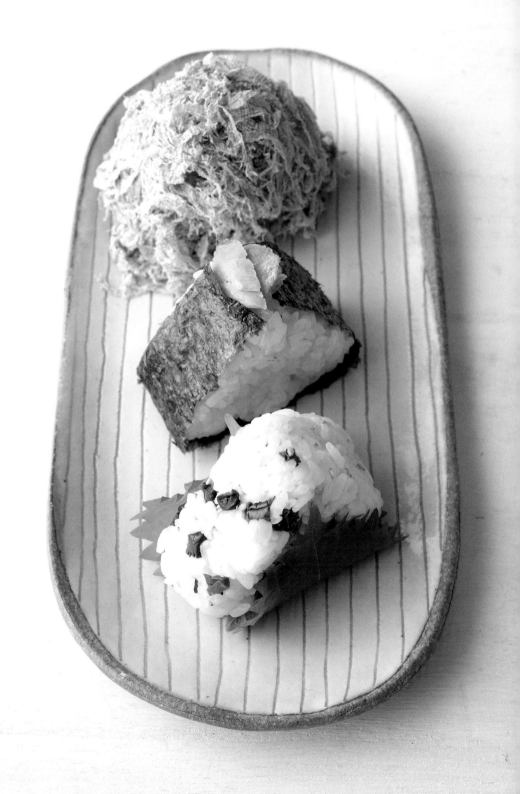

昆布丝饭团 とろろ昆布おにぎり

食材

白饭
（依个人手形大小抓取
　适当的分量）
昆布丝 ………… 少许

调味料

盐 ………………… 少许

做法

1 先把手放入水中，再蘸盐搓揉，使盐均匀分布于双手。取白饭放在掌中，捏握成三角形 (a)

2 将昆布丝放在盘子上摊开，再放上饭团，以筷子将昆布丝均匀包在饭团上。(b)

盐鲑饭团 鮭おにぎり

食材（2个份）

白饭
（依个人手形大小抓取
　适当的分量）
盐鲑鱼 ………… 70g
海苔 ………………… 1 片

调味料

盐 ………………… 少许

做法

1 热锅倒油，再放入盐鲑鱼煎熟，最后去掉鱼皮和刺，捣碎。(a)

2 把手放入水中，再蘸盐搓揉，使盐均匀分布于双手。取白饭放在掌中，于中心放入一点盐鲑鱼。(b)

3 将饭团捏握成三角形，将海苔剪成适当的宽度，围裹饭团一圈，上面再放上一点盐鲑鱼即完成。(c)

渍茄子饭团 なす漬物おにぎり

食材（2个份）

白饭
（依个人手形大小抓取
　适当的分量）
渍茄子 ………… 15g
白芝麻 …… 1/4 小匙
青紫苏 ………… 4 片

调味料

盐 ………………… 少许

做法

1 将渍茄子切细丁，和白芝麻混拌均匀，再放入白饭混拌。(a)

2 把手放入水中，再蘸盐搓揉，使盐均匀分布于双手，取白饭放在掌中，捏握成三角形。(b)

3 在饭团前后各包上 1 片青紫苏叶即完成。(c)

139

南瓜煮物 かぼちゃ煮付け

食材（2 人份）

南瓜 ············· 420g

调味料

水 ············· 80ml

清酒 ············· 80ml

淡口酱油 ——1 大匙

糖 ············· 5g

做法

1 南瓜切长角块，边缘削圆。(a)

2 于锅中放入水与酒（1：1）、南瓜，开火后，先煮至略滚。

3 再加入酱油，晃动锅子使调味料均匀分布后再加入糖。(b)

4 滚后转小火，盖上以烘焙纸做的盖子（详细做法请参阅P29）或木盖，煮软后静置即完成。

卤昆布 塩こんぶ

食材

泡过水或煮过高
汤的昆布 ……… 50g
生花椒 ……… 1 小匙

调味料

清酒 ……… 55ml
糖 ……… 2 小匙
淡口酱油 ……1 大匙

做法

1 将昆布放入锅中，加入酒，开火。

2 先放一半分量的糖，再加酱油，以小火煮。

3 汤汁煮至较少时，以木匙拌炒，一边炒一边加入糖。

4 起锅前，加入生花椒，再拌炒 1~2 分钟后，最后取出
 剪成小片即可盛盘。

```
point
做卤昆布的食材以厚
片昆布为佳。
```

梅酱拌山药小黄瓜 たたききゅうりと山芋の梅肉和え

食材

日本腌梅子 …… 1 颗
山药 ……………… 45g
小黄瓜 ………… 30g

调味料

盐 ………………… 少许
白醋 …………… 1 小匙
味醂 …………… 1 大匙
淡口酱油 …… 1/2 小匙
紫苏粉 ………… 少许

做法

1 山药去皮后先敲碎（制造粗糙的表面），再切成略有厚度的短条。(a)

2 小黄瓜切段后，剖半后去籽，再以棒子敲成两半，加入盐略抓后静置。

3 在碗内放入醋、味醂、酱油与梅子泥，拌匀后再放入山药。

4 洗掉小黄瓜的盐分，沥干后放入山药拌匀，盛盘后，撒上紫苏粉即可。(b)

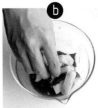

日式便当二三事

某次与智子上料理课时，我们谈及一些日本传统的料理工具，就说到日本手工编制的竹便当盒。我自己也有几个手工竹编便当盒，也想要了解适合竹编便当盒的菜色，于是就有了这堂课。

最适合以竹编容器盛装的料理就是饭团。奇妙的竹子能让饭团的水分适当地蒸发，使饭团不湿软，又适时地保持饭团应有的水分，不至于干硬。这强大的功能在我听来，更像是高科技的 Gore-Tex 布料，既能抵挡寒风又能散发体热。竹子界的 Gore-Tex 当属这竹编便当盒了！

智子在做这道便当料理时，说起她最怀念在京都求学时妈妈所做的"おかか"（读音：o-ka-ka）便当。"おかか"之意为柴鱼片加酱油。智子妈妈做的"おかか"便当，是先在便当盒最下层铺好薄薄一层饭，再将细柴鱼片与酱油拌好，铺在白饭上，再铺一层饭，然后盖上一层蘸了酱油的海苔，最后铺一层饭与柴鱼片酱料。没想到这么简单的一个便当让智子怀念至今。我突然想起一部知名的饮食漫画中的"猫饭"，不就是"おかか"吗？

后来，当我吃到小林爷爷做的"おかか"饭卷，也明白了那滋味为何让人怀念。酱油是所有亚洲人的共同食材，吃着酱油长大的我们都了解酱油是如何在我们的口舌脾胃留下不可磨灭的印记的，加上日本处处都有的柴鱼片，难怪这是智子朝思暮想的家乡之味！

牛肉蔬菜卷 牛肉の野菜巻き

食材

牛肉片（大片）—— 105g

四季豆 ——————— 40g

胡萝卜 ——————— 60g

调味料

清酒 ————————— 1 大匙

三温糖或

二砂糖 ————— 1/2 小匙

淡口酱油 ————— 1 小匙

盐 —————————— 少许

黑胡椒 ——————— 少许

做法

1　胡萝卜切长条。

2　水滚后加入盐，先煮胡萝卜，煮软后再煮四季豆，最后捞出沥干。

3　牛肉摊平，撒少许盐、胡椒，把胡萝卜与四季豆并排放在牛肉中间，将肉片卷起。(a)

4　加热平底锅，倒入少许油，将肉卷封口朝下放入锅中。(b)

5　放入酒，加盖焖约 1 分钟，开盖后加糖，再加酱油。(c)

6　煮至表面上色、牛肉熟透即完成。

葱花玉子烧 ねぎとちりめんじゃこの卵焼き

食材

鸡蛋 ———— 3 颗
葱末 ———— 7g
吻仔鱼 ——— 10g

调味料

盐 —————— 少许
淡口酱油 1 小匙
日式高汤 —— 40ml

做法

请参阅 P43 的玉子烧做法。

海苔玉子烧 海苔巻き卵

食材

鸡蛋 ———— 3 颗
海苔 ———— 2 片

调味料

盐 —————— 少许
淡口酱油 1 小匙
日式高汤 —— 35ml

做法

将海苔剪成符合玉子烧锅的尺寸。煎第二层蛋液时放上海苔，其他步骤请参阅 P43 玉子烧做法。

145

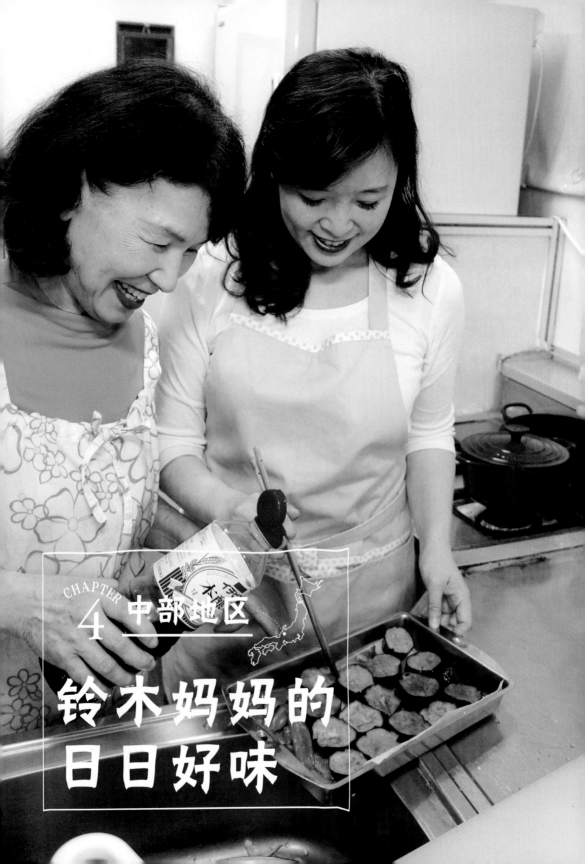

CHAPTER
4 中部地区

铃木妈妈的
日日好味

铃木 君代 Suzuki Kimiyo		
1 职业 / 家庭主妇		71岁（1945年出生）
2 料理资历 / 45年	3 现居地 / 名古屋市天白区	

关于铃木妈妈

23岁结婚的铃木妈妈，在结婚后才进入厨房做菜。刚结婚时还到当时很新潮的厨艺教室上过课，学的是中式料理，当时喜欢的料理是青椒牛肉、糖醋排骨等日本人喜爱的中式菜色。因为铃木家的照相馆与住家在一起，在看顾店铺的同时也需要料理一家人的三餐，所以她练就了快速料理法。女儿光子说小时候某天起晚了，想起当天户外教学需要带便当，铃木妈妈在做完早餐之后，以十五分钟的时间为她做出了便当。虽然刚结婚时喜欢中式料理，但现在铃木妈妈最喜欢的是法式面包，如法国长棍或吐司等，因为喜爱面包，所以也连带喜欢上了汉堡排，如果是刚做好的汉堡排夹入她喜爱的面包，那才是"最高（さいこう）（读音：Sai-kou）"！[1]

---

[1] 日文的"最高"为最棒、最好之意。

铃木妈妈眼中的 Joyce

Joyce说想要跟我学做菜，实在让我觉得很不好意思，这些都是平常而不是很正式的菜，她已经是料理老师，还出书了，我想我的菜对她来说太简单了。跟Joyce一起做菜时，我觉得她说话很温柔（作者按：那是因为我不太会说日文），我很喜欢她的体贴。最后想讲的是，不论将来如何变化，我希望Joyce能快乐地过自己想过的生活、做自己喜欢的事。最后，请永远当我可爱的女儿吧！

我在日本的妈妈，
总是以料理温暖我
因旅途而疲惫的心。

　　那是还很冷的三月初，清晨，我要离开名古屋去东京，铃木妈妈不同平日，做了一桌丰盛的早餐。端上来的煎蛋卷上，她特别画出心形，还有我爱吃的小岩井优格、Maison Kayser 面包店的可颂面包和惯常喝的拿铁咖啡。当行李搬到车上时，我一回头，发现她在拭泪。铃木妈妈对我一如女儿，我以英文加生涩的日文告诉她，你是我在日本的妈妈，她频频点头，说："你是我在中国台湾的女儿。"

　　铃木妈妈，我喊她"お母さん[1]"，她对我而言就是"母亲"！是我在日本的妈妈。

　　到访名古屋多次，但市区的热闹购物区与我无缘，我总不清楚名古屋市区有什么特别的美味餐厅、厨房杂货、百货公司，不论是从机场出来，还是从名古屋车站出来，我只知道一条路线，只有一个目的地。我会拉着行李箱乘地铁到离铃木妈妈家最近的地铁站，然后给出

1　お母さん，读音 O-Ka-San，日文的妈妈之意。

租车司机地址，不消十分钟就到了。对司机而言，我可能是一个奇怪的观光客，下车的地点是郊外的住宅区，不是洽商也不是观光，仅能用英文沟通，为何到郊区去呢？一次，司机请我确认下车的地点对不对，那是一间已经不再营业的照相馆，我理所当然地点头。他替我把行李箱拿出，再确认一次，我以日文回答他："没问题的！"

我熟门熟路地按响电铃，但不等人开门，就径自推开照相馆的玻璃门，这时铃木妈妈从住家的门走出来拥抱我。我的房间依旧在三楼，床上已经铺好新床单，冬天时，床旁放着暖炉，夏天则放了蚊香与电风扇，棉被也总有两条，盖暖和的或盖凉快的，让我自个儿调整。整顿好后，我悠然地过起在名古屋的小日子。

铃木妈妈的小女儿光子（あかり）与我在加拿大时同住一个寄宿家庭，虽不是读同一个学校，不过每个晚上，我们都与寄宿家庭的妈妈一起做菜、聊天、用餐，彼此间有姊妹情谊。回台湾后，我们保持了联系。从第一次造访在名古屋的铃木家后，铃木妈妈偶尔会向光子问起我，有一次甚至从日本给我寄来礼物。当时我觉得她对我的关爱像一个长者，偶尔会把我放在心上。在人生跌宕起伏的那段日子里，我独自待在自己的世界里，断了与所有朋友的联系，再次与光子联络时，已过了十年。

十年之后的日子里，许多人因料理而认识我，我的人生也因料理转了方向。当我为了修习法式甜点住到日本东京时，也想更进一步研修地道的日本家常菜，这时，铃木妈妈的身影映入

我脑海里，让我想起那段岁月……

1999~2000 年，我常常到日本旅行，如果到名古屋，一定会住在铃木妈妈家。有一次心情不好，临时出游，光子要上班没办法陪我，所以只有我与铃木妈妈在家。铃木妈妈听闻我这次来日本的原因后，不愿让我只是待在家里，当时铃木照相馆还在营业，她让铃木先生独自看店，打电话给一位会开车的朋友说要带我出去走走。两位妈妈不会英文，我不会日文，我们就比手画脚地上路了。两位妈妈准备了好多零食、茶水等，让我在路上可以吃喝。中途停在休息站，我从洗手间出来两手湿淋淋的[1]，铃木妈妈递上她的手帕，并示意要我收下，好让我往后的日本旅途有手帕可用。

我们的目的地是奈良。当时是初夏，游客不多，两位妈妈好像带着自己的女儿出游，问我要不要护身符、教我参拜仪式，还随时要我摆好姿势拍照。东大寺内，一群小学生们正在户外教学。大殿内有一根柱子，柱子下方有一小方洞，据说能通过小方洞的人会在事业、爱情上得好运或得智慧。两个妈妈推着我去排队，还等在洞口为我拍照。我就这样排在小学生的队伍后面，跟着他们钻出了那小方洞。

妈妈们也带我去了奈良公园，在公园里，一些鹿跑近我，让我又惊又

1　日本的公共厕所内并不提供擦手纸，所以需要自备手帕或小手巾，近来在主要城市的公共厕所已经开始提供，不似以往的不便。

喜。两位妈妈见我开心，又跑去买鹿饼，比着手势要我喂鹿。接着两位妈妈又忙起来了，在勘察地形后选定一块较平坦的草地，铺好毯子，拿出便当、饮料等。原来出门前，她们做了好吃的饭团与小菜一起带了过来。每吃一个饭团，我都会惊呼好吃。饭团内包的是酱菜，总共有四五种不同口味，另外还有几道小菜，都稳妥地放在便当盒的各个角落，热水瓶里还有早上才泡好的茶，真是幸福的一餐！开车的伯母并不认识我，当时的铃木妈妈与我见面也没几次，为了让我恢复精神，她们如此费心地张罗着。

之后，只要有机会经过，我便会在名古屋停留。有一次，日本好友知道我又将前往名古屋，特别发邮件给我介绍名古屋的特色咖啡厅，我回复她："……非常感谢，但我可能不会去，因为我住在郊外的铃木家，平日足不出户，也安于这样的日子……"是的，我的名古屋生活并不精彩，很平凡，永远只停留一地，就是名古屋天白区的铃木家，我在日本的家。我的日本家庭生活很简单，早睡晚起，中午与铃木妈妈一起在厨房做饭，午后，我们常各据餐桌的一方，铃木妈妈练书法，我则是上网或是整理料理笔记，喜爱插花的铃木妈妈也曾在午后时间教我日式某种流派的插花。接近傍晚，我倚着后院旁的纸门，喝茶纳凉发呆，见我想打盹，铃木妈妈便急着想铺垫被在榻榻米上。以往对日文没感觉的我跟着光子一起叫铃木妈妈"お母さん"，现在，"お母さん"这个名词越过语言的障碍变得真实，我就像铃木妈妈的亲生女儿。光子有时担心她不在家中翻译，我跟铃木妈妈会无法交流，但她发现我们居然能

151

一起做料理、吃饭、沟通，一起过生活。铃木妈妈曾说，她的两个女儿都没学过她的料理，没想到，铃木家的味道会传承给她的中国台湾女儿。悠然的名古屋小日子是我在忙碌的东京生活之外的日本生活，就是这样的平凡日子，像白开水，滋味清寡，却是生命必需。

我时常想起奈良东大寺的那次野餐，那几个饭团，那样平凡，却也不平凡。对许多日本人来说，妈妈做的饭团是他们从小吃到大的心灵食物，东大寺的野餐饭团则是我的日本母亲为我捏的饭团，佐以关心、搭配疼爱。后来我才发现，原来，异乡的饭团也是我这异乡游子的向往。这几年，我常跟人说，我愈来愈喜欢日式家常菜，平日不花心思地随便煮，也总有日式家常菜在餐桌上。原来那些日子的每一餐，早就进驻我心底，以我们常常视而不见、认为理所当然的方式，然后，或电光火石间，或午夜梦回时，悄然轻叩心门。

英日文翻译

铃木 光子

摄影

铃木 光子、Joyce

与铃木妈妈的日常生活，午后逛开满花的梅园（名古屋市农业中心的垂枝梅园）。

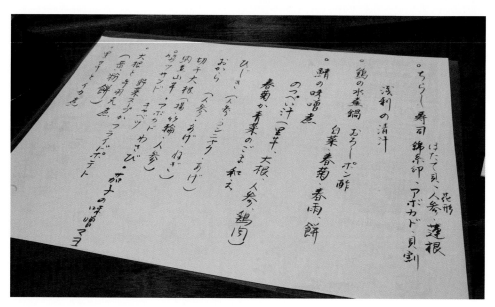

铃木妈妈为我写下的菜单，随手写在了宣传单的背面。

女儿节散寿司
ひな祭りのちらし寿司

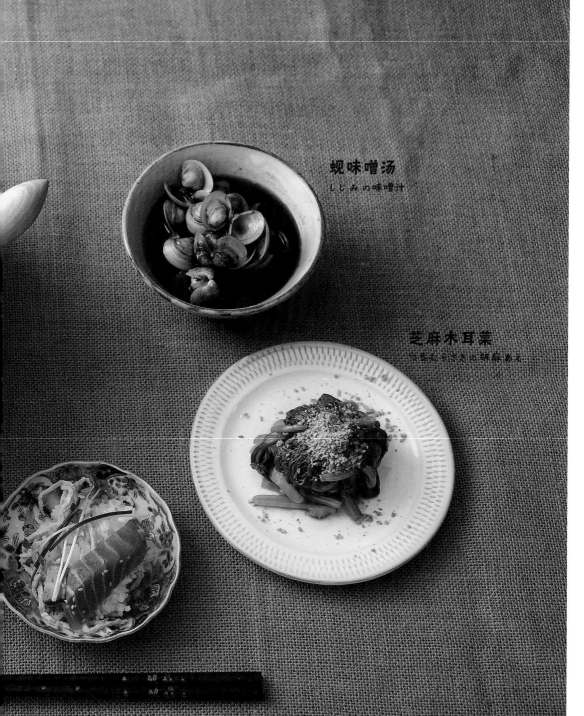

蚬味噌汤
しじみの味噌汁

芝麻木耳菜
つるむらさきの胡麻あえ

155

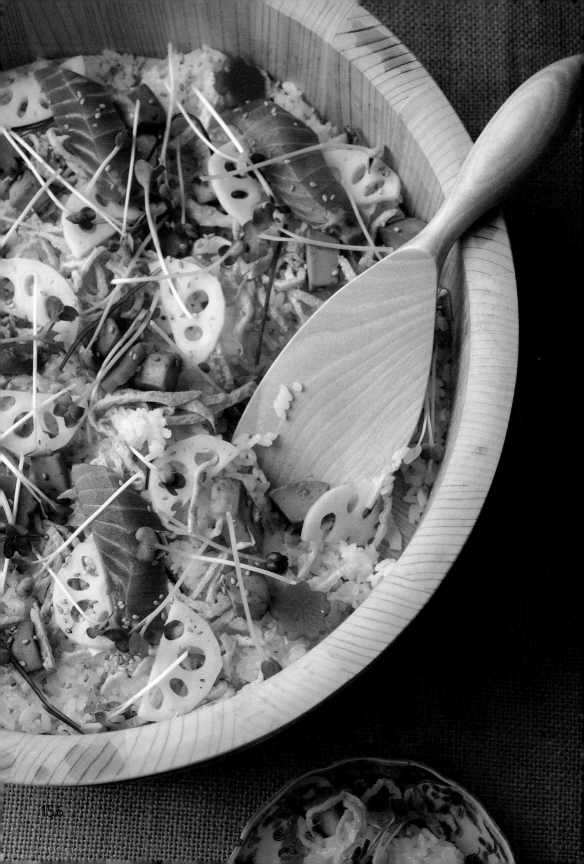

女儿节散寿司 ひな祭りのちらし寿司

食材

昆布 ······· 5g
米 ······· 2 杯
胡萝卜 ······· 15g
（切片后以樱花模切割出形状）
莲藕 ······· 50g
鸡蛋 ······· 3 颗
牛油果 ······· 70g
鲑鱼生鱼片 ······· 180g
小豆苗 ······· 少许
（或萝卜叶）
白芝麻粒 ······· 适量

调味料

淡口酱油 ··· 1/2 小匙
绿芥末 ······· 少许
糖 ······· 27g
盐 ······· 1/2 小匙
白醋 ······· 120ml
高汤酱油 ··· 1/2 小匙
柴鱼昆布高汤 ··· 40ml

point

木制饭台会吸收多余水分或醋汁，如果家里没有木制饭台，可使用其他材质的调理容器制作醋饭，但寿司醋需减量至 45~50ml。

做法

1 将昆布放入洗净且泡过的米中，煮成昆布白饭。

2 将胡萝卜片放入小锅中，加入 30ml 的高汤与 1/4 小匙的高汤酱油，以小火煮至入味。(a)

3 莲藕去皮后切薄片（0.3~0.4cm 厚），如果太大片可以再对切，藕片经滚水烫过后泡于 60ml 的白醋和 2g 的糖中。(b)

4 鸡蛋打散，加入 10ml 的高汤和 1/4 小匙的高汤酱油搅拌均匀，再以平底锅煎出 2~3 片蛋皮，放凉切细丝备用。(c)

5 取出昆布饭中的昆布，切成细丝，将昆布丝放入步骤 3 的醋水一起浸泡。此时，若胡萝卜已煮软，则取出放凉备用。(d)

6 取 60ml 的白醋、25g 的糖、1/2 小匙的盐，放入小锅煮至糖盐溶化即为醋汁。也可以直接使用 55ml 的市售寿司醋当成醋汁。

7 牛油果切片（或小块），与淡口酱油、绿芥末拌匀。(e)

8 将白饭倒入饭台，再一边倒醋汁，一边切拌，醋汁需分 2~3 次倒入，拌匀之后，放凉备用。(f)

9 依序将蛋丝、莲藕片、胡萝卜、昆布丝、牛油果与鲑鱼生鱼片均匀铺在醋饭上，最后再以小豆苗与白芝麻装饰即完成。

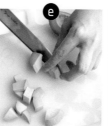

暖心的女儿节料理

3月3日是日本的女儿节，有女儿的人家会摆设女儿节人偶，为家中的女孩儿祈求健康幸福。日本有些地方的习俗是，人偶必须在3月4日就收起来，以避免家中的女孩嫁不出去，不过其他地方并没有这样的说法。女儿节人偶一定要有天皇与皇后，这是最基本的女儿节人偶，除此之外还需要桃花、菱形年糕等摆饰。豪华的人偶最多有七层之多，有的是一代传一代，也有随经济情况逐步添购第二层、第三层人偶的情况。

我再次到访名古屋是女儿节过后的一周，但早在二月底光子就留言给我，说铃木妈妈在摆设人偶时说："这要留到 Joyce 来看了之后再收！"因为我也是她的女儿！读了留言之后，我的心情难以形容，自己也有了女儿节人偶呢！喜悦之余，想到铃木妈妈视

我为女儿的心情，是甜蜜的也是沉重的牵绊。

女儿节必定要吃的料理是散寿司以及贝类煮的汤。散寿司因其颜色缤纷，通常为节庆时所吃的料理，至今演变成为女儿节必吃的料理。至于贝类（通常为蛤蜊、蚬或其他贝类）所煮的汤，也含有深意，贝类的两片壳是一对，代表日后女儿能找到好老公，有好的感情。

女儿节寿司饭中的各种食材多为日本春天应季的食材，在自己家做散寿司不必拘泥于特定的食材，只要记住以下几个重点：使用根茎类食物如莲藕、胡萝卜等，都需要预先处理，如莲藕需浸渍于醋汁中，胡萝卜需于调味高汤中先煮过，生鲜食材如鲑鱼卵、生鱼片则可直接使用；黄色的食

材通常使用蛋丝，绿色的食材则可用春天特有的西兰苔或油菜花（或其他季节的蔬菜），也需先于调味高汤中煮。三月初，我到名古屋铃木妈妈家的第一顿晚餐就是应景的散寿司饭，原本以为这是道费时间与功夫的料理，没想到，铃木妈妈的手脚之快，只花半小时就完成了这道散寿司饭。

虽然到名古屋时已过了女儿节，但铃木妈妈依然留着女儿节人偶等着我到访，说这是特别留给我看的。

芝麻木耳菜 つるむらさきの胡麻あえ

食材

木耳菜 ………… 130g
（又名落葵）

磨碎白芝麻…适量

调味料

浓口酱油 1/2 大匙

做法

1 将木耳菜洗净后，以滚水烫过，取出过冷水后，挤干水分，切段。(a)

2 将菜段放入碗中，加入浓口酱油拌匀。

3 静置 10 分钟后，再以手挤出多余水分。(b)

4 盛盘后撒上磨碎白芝麻即可。

point

冬季时，可将木耳菜替换成应季的菠菜，也很美味喔！

ⓐ

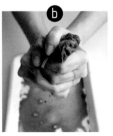
ⓑ

蚬味噌汤 しじみの味噌汁

食材

蚬 ·················· 100g
柴鱼昆布高汤···· 350ml

调味料

八丁味噌 1 又 1/2 大匙

做法

1 将蚬以鬃刷洗净入锅，加入高汤，开火煮滚，烹煮途中如产生浮沫即捞除。(a)

2 将八丁味噌以滤网溶入汤汁中即完成。(b)

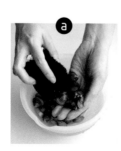

161

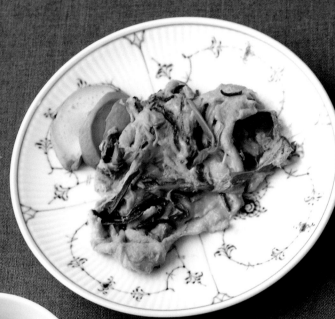

盐昆布炒蛋
塩昆布入りいりたまご

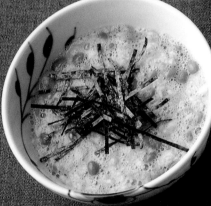

山药纳豆
山芋納豆

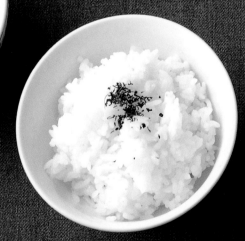

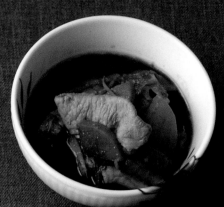

猪肉味噌汤
豚汁

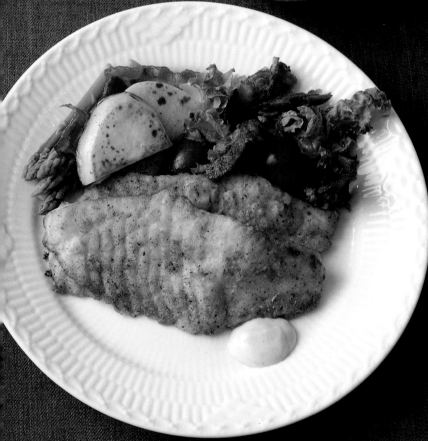

香草鱼片佐芥末美乃滋
白身魚のムニエル芥子マヨネーズ添え

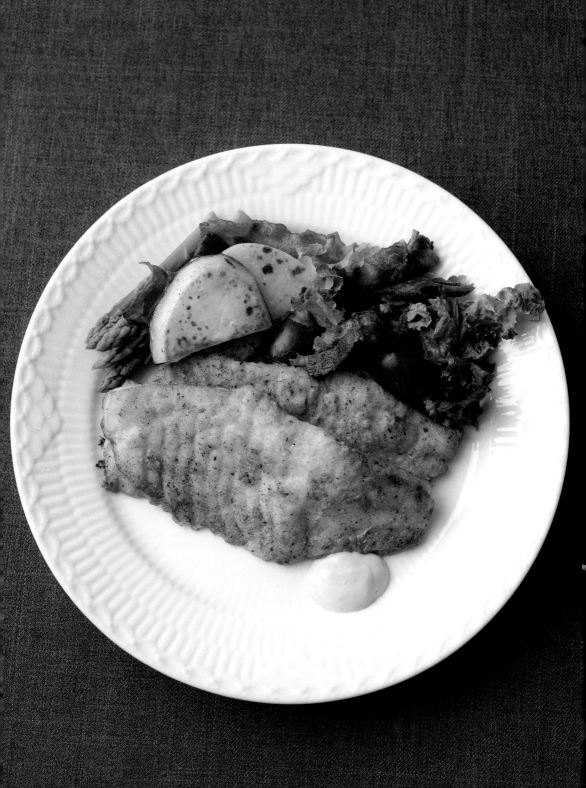

香草鱼片佐芥末美乃滋

白身魚のムニエル芥子マヨネーズ添え

食材

鲷鱼片 ——— 400g
芦笋 ——— 30g（5 支）
面粉 ——— 适量
培根 ——— 30g
马铃薯（小）100g
生菜 ——— 适量
番茄 ——— 2 颗

调味料

绿芥末 ——— 1g
美乃滋 ——— 12g
香草盐 ——— 少许
无盐黄油 ——— 适量

做法

1 马铃薯削皮后放入滚水中煮至熟软，取出切半备用，再以同一锅水烫熟芦笋。

2 将培根放入锅中煎出香气与油脂，再取出备用。(a)

3 在鱼片两面撒上香草盐调味，再撒些面粉，拍掉多余的面粉后放入步骤 2 的锅中，煎至表面呈金黄色，取出备用。(b)

4 将步骤 1 的马铃薯切厚片后，放入步骤 3 的锅内煎至焦香，并放入无盐黄油少许。(c)

5 将美乃滋与绿芥末调和成酱料。

6 将培根、马铃薯、鱼排、芦笋、生菜与番茄摆盘，酱料置于一旁即完成。

山药纳豆 山芋納豆

食材

日本山药 ———— 70g
市售纳豆（1盒）45g
海苔丝 ———— 适量

调味料

浓口酱油 1/4 小匙

做法

1 将纳豆放入调理碗中略拌。

2 山药切粗末（或以鬼竹磨碎）也放入碗中。(a)

3 放入市售纳豆附赠的黄芥末与酱油调味。

4 再倒入浓口酱油调味拌匀，撒上海苔丝即完成。(b)

盐昆布炒蛋 塩昆布入りいりたまご

食材

鸡蛋 ············ 2 颗
葱绿 ············ 2 支
盐昆布丝 ······· 5g
牛油果 ·········· 适量

做法

1 葱绿斜切丝放入打散的蛋中拌匀。(a)

2 放入盐昆布略拌匀。

3 锅中倒油烧热后，将昆布鸡蛋液入锅翻炒至滑嫩状态即起锅。(b)

4 切块牛油果与昆布蛋一起盛盘即完成。

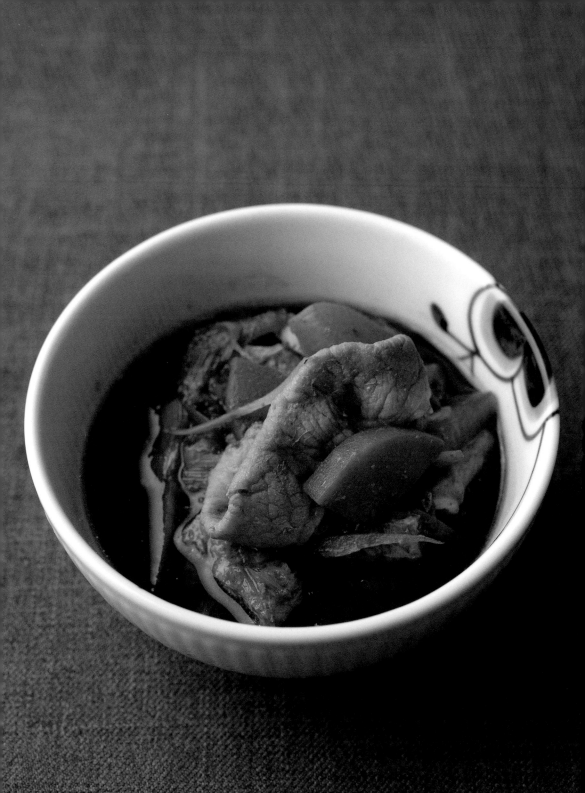

猪肉味噌汤 豚汁

食材

猪梅花肉片 ———— 75g
小芋头 ———————— 35g
白萝卜 ———————— 50g
胡萝卜 ———————— 30g
大葱 —————————— 25g
牛蒡 —————————— 20g
油豆腐皮 ———————— 20g
柴鱼昆布高汤 500ml

调味料

八丁味噌 ——— 2 大匙

做法

1 牛蒡以鬃刷刷洗外皮，再纵切成 4 等份后，以削铅笔的方式削出薄片。(a)

2 小芋头去皮切滚刀小块，胡萝卜切片（约 1cm 厚），白萝卜切长方条状（约 1cm 厚）。(b)

3 油豆腐皮烫过后切小条。大葱斜切成片。

4 将白萝卜和胡萝卜放入锅中，再放入高汤烹煮 7~8 分钟后，续入牛蒡和小芋头煮 10 分钟。

5 放入大葱煮 5 分钟，再放入猪肉片和油豆腐皮煮 6~8 分钟。

6 以滤网在汤中溶化味噌后，再煮约 2 分钟即完成。

point

八丁味噌也可以替换
成白味噌喔！

169

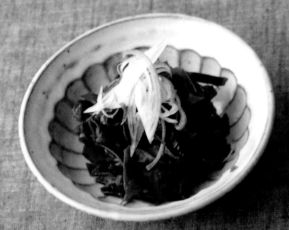

嫩海带芽醋物
わ か め の 酢 の 物

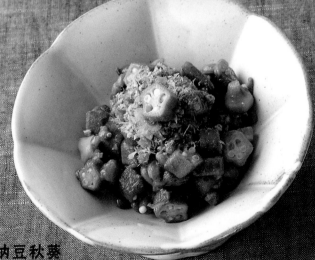

纳豆秋葵
オクラ納豆

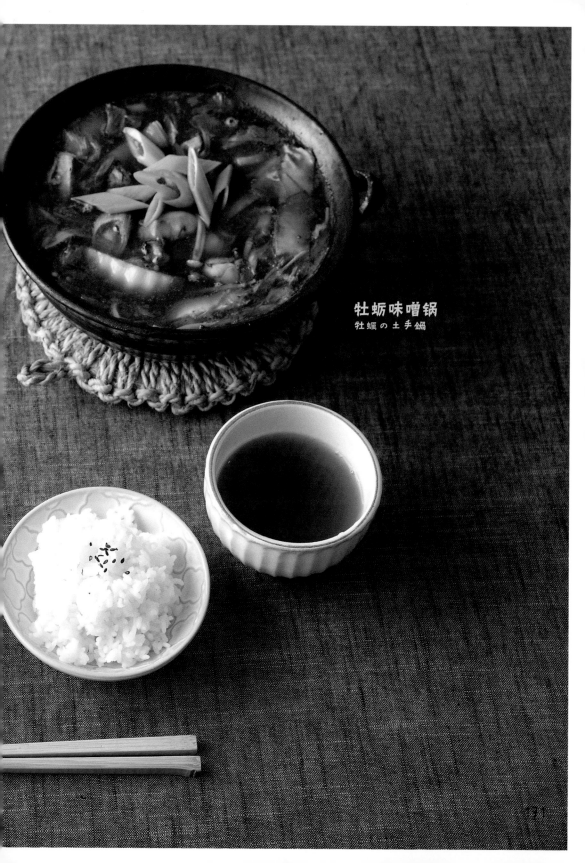

牡蛎味噌锅
牡蠣の土手鍋

牡蛎味噌锅 牡蠣の土手鍋

食材（2人份）

牡蛎 ················ 250g
金针菇 ············· 55g
白菜 ·············· 185g
大葱 ·············· 40g
昆布水 ············ 440ml
（或昆布高汤）

调味料

八丁味噌 ········· 25g
白味噌 ··········· 25g
味醂 ············· 10ml
清酒 ············· 10ml

做法

1 砂锅内放入昆布水煮滚，以滤网慢慢溶解味噌。

2 放入味醂与清酒后，续入斜切成 1.5cm 宽的大葱。

3 略煮后，放入金针菇与切成 2cm 宽的白菜，煮至熟软。(a)

4 放入牡蛎煮 20~30 秒，以筷子略搅拌即完成。(b)

172

纳豆秋葵 オクラ納豆

食 材

市售纳豆 ──────1 盒
秋葵 ──────── 80g
柴鱼片碎末　少许

调味料

浓口酱油 1/2 小匙
糖 ────── 1/4 小匙

做法

1 秋葵以盐搓揉后，将头部削净（详细做法请参阅 P28），
　再放入滚水中汆烫，取出冲凉备用。(a)

2 取出纳豆放在砧板上，以刀略切。(b)

3 将秋葵切 0.8cm 的薄片。

4 将纳豆与秋葵放入碗中，加入市售纳豆附赠的黄芥末
　与酱油，再加浓口酱油与糖，混拌均匀，最后放入柴
　鱼片碎末拌匀即完成。

嫩海带芽醋物 わかめの酢の物

食材（2 人份）

干燥海带芽 —— 7g

茗荷 半颗（约 10g）

调味料

白醋 —————— 35ml

糖 ————————— 5g

白酱油 —— 1/2 小匙

（或淡口酱油）

point

如果想要快速泡软海带芽，可使用温水，至少泡 5 分钟，再沥干放凉备用。

做法

1 将干燥海带芽泡水至软后，取出挤干水分，略切几刀。(a)

2 茗荷切细丝。(b)

3 取糖与白酱油放入白醋中，拌至糖溶化。

4 海带芽与醋汁拌匀，盛盘，放上茗荷丝即完成。

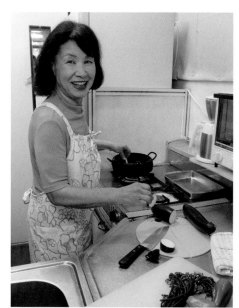
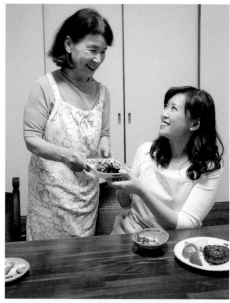
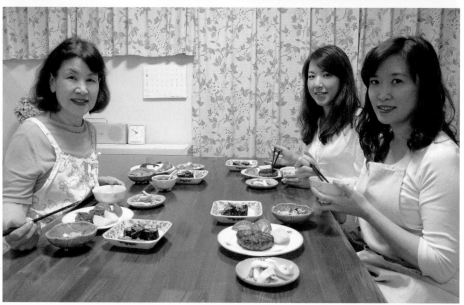

餐桌上的道道料理，都是铃木妈妈的爱，我与光子一起当幸福的女儿。

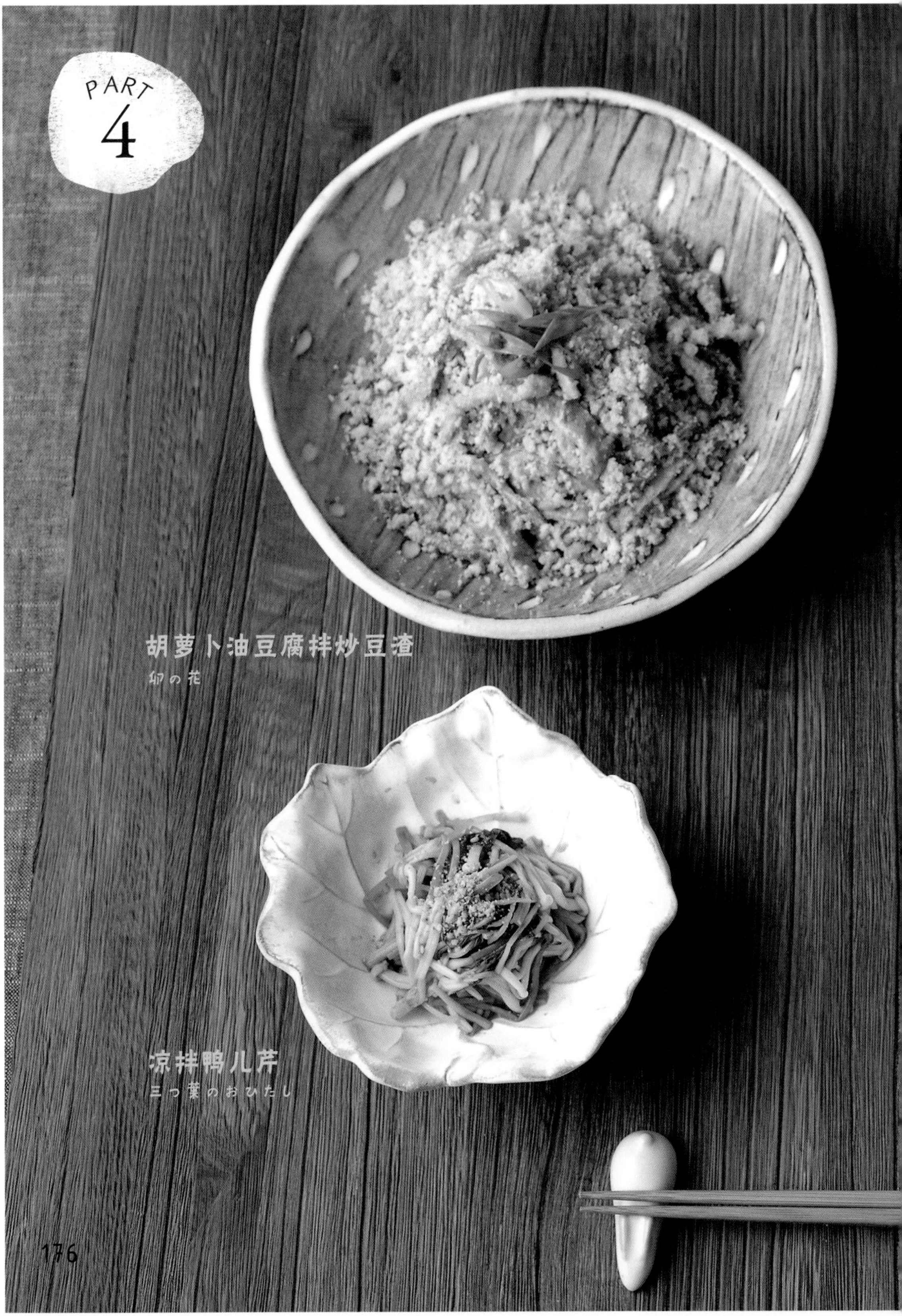

胡萝卜油豆腐拌炒豆渣
卯の花

凉拌鸭儿芹
三つ葉のおひたし

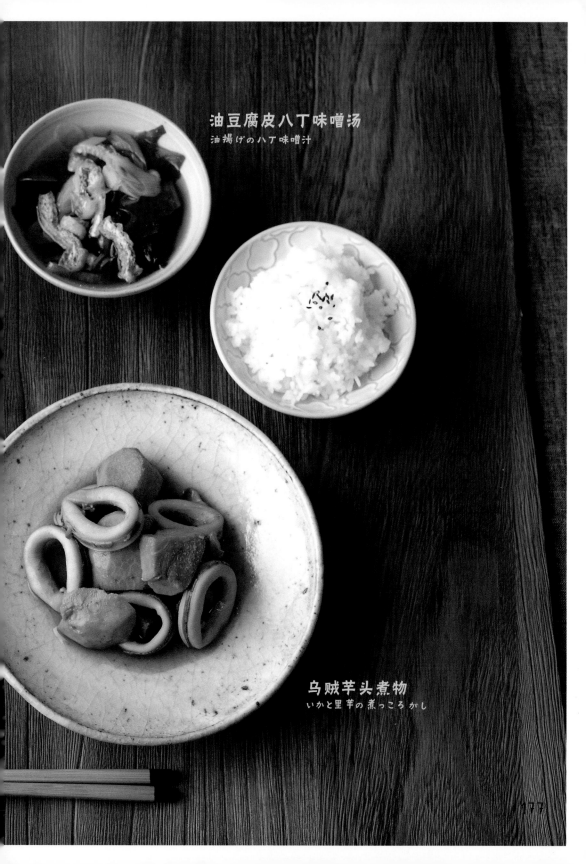

油豆腐皮八丁味噌汤
油揚げの八丁味噌汁

乌贼芋头煮物
いかと里芋の煮っころがし

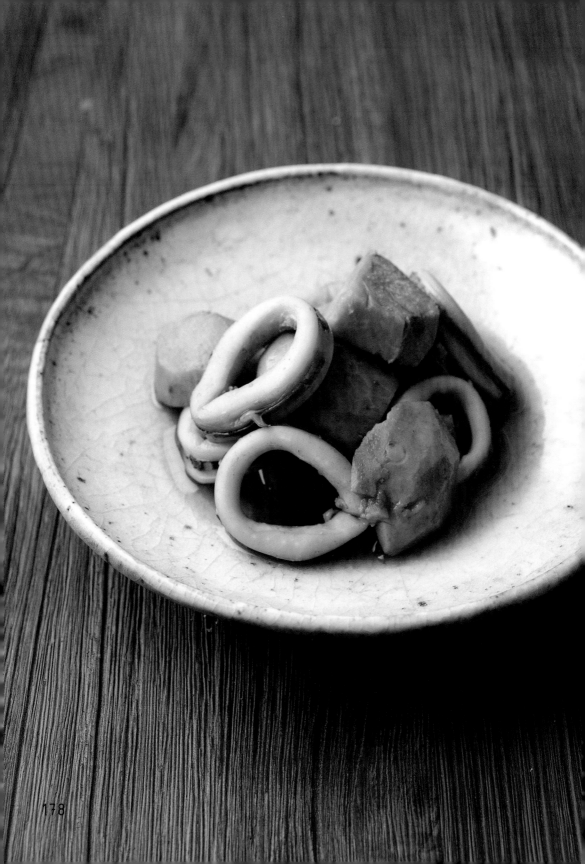

乌贼芋头煮物 いかと里芋の煮っころがし

食材（1~2 人份）

乌贼 ———— 100g

小芋头 ———— 100g

调味料

柴鱼昆布高汤 205ml

味醂 ———— 1 大匙

淡口酱油 ———— 1 大匙

糖 ———— 1 大匙

清酒 ———— 1 大匙

做法

1　小芋头削皮，切成比一口大小略大的块状，泡在水中备用。

2　将小芋头放入锅中，加入水至盖过芋头即可，开火煮 5 分钟后，捞出以冷水冲洗备用。

3　洗净乌贼，切 1.5cm 宽的粗圈备用。(a)

4　将小芋头放入锅子里，加入高汤，盖过小芋头即可，开火烧煮。

5　煮滚后放入乌贼，盖上锅盖，以小火炖煮 15 分钟。

6　放入糖，溶化后再放入味醂、酱油、酒，摇动锅子使调味料混合均匀。

7　将烘焙纸（详细做法请参阅 P29）紧贴在食材上，开小火炖煮约 15 分钟。(b)

8　关火后，在室温下降温，降温过程会让食材更入味。上菜前，开火加热即可。

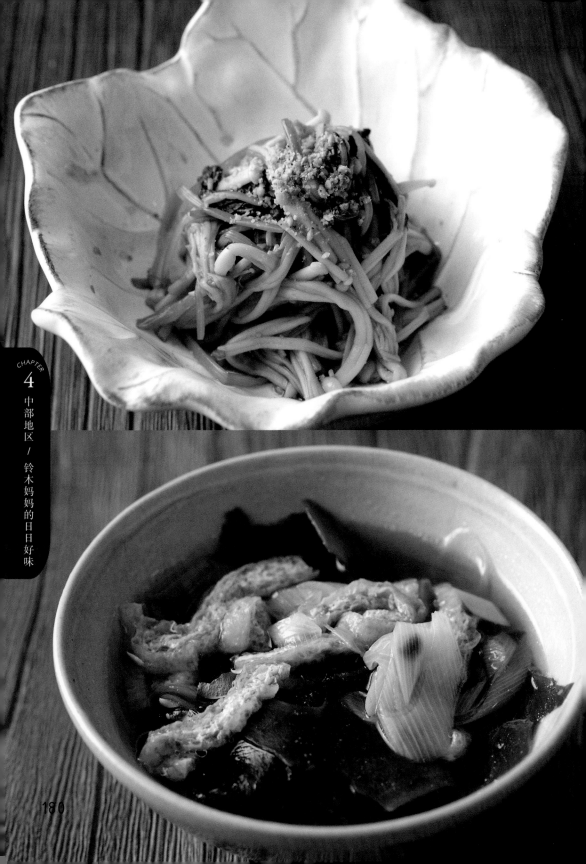

凉拌鸭儿芹 三つ葉のおひたし

食材

鸭儿芹 ……（2 把）25g
金针菇 ……………… 50g

调味料

浓口酱油 …… 1/2 小匙
高汤酱油 ………… 1 小匙
糖 ……………… 1/4 小匙
清酒 ……………… 1/4 小匙
磨碎白芝麻 …… 适量

做法

1 鸭儿芹洗净后分切成三等份，放入滚水中烫熟。金针菇切除根部后对半切，也放入滚水中烫软。

2 将烫过的鸭儿芹与金针菇都过冷水，使之不再加热。

3 将金针菇和鸭儿芹放入碗中以浓口酱油调味，静置约 10 分钟，期间翻拌一次。

4 取出以手挤干水分，备用。(a)

5 在高汤酱油中放入糖与酒，拌匀至糖溶化，再与步骤 4 中的食材拌匀。(b)

6 盛盘后撒上白芝麻即完成。

油豆腐皮八丁味噌汤 油揚げのハ丁味噌汁

食材

泡过水的海带芽 10g
油豆腐皮 ………… 15g
大葱（葱白）…… 15g
柴鱼昆布高汤 250ml
（或日式高汤）

调味料

八丁味噌 …… 1 大匙

做法

1 油豆腐皮以滚水烫过，切长条；大葱斜切（约 0.7cm 宽）。(a)

2 将大葱、油豆腐皮依序放入高汤中煮滚。

3 以滤网在汤中溶化味噌后，再煮约 2 分钟，熄火，放入海带芽即完成。(b)

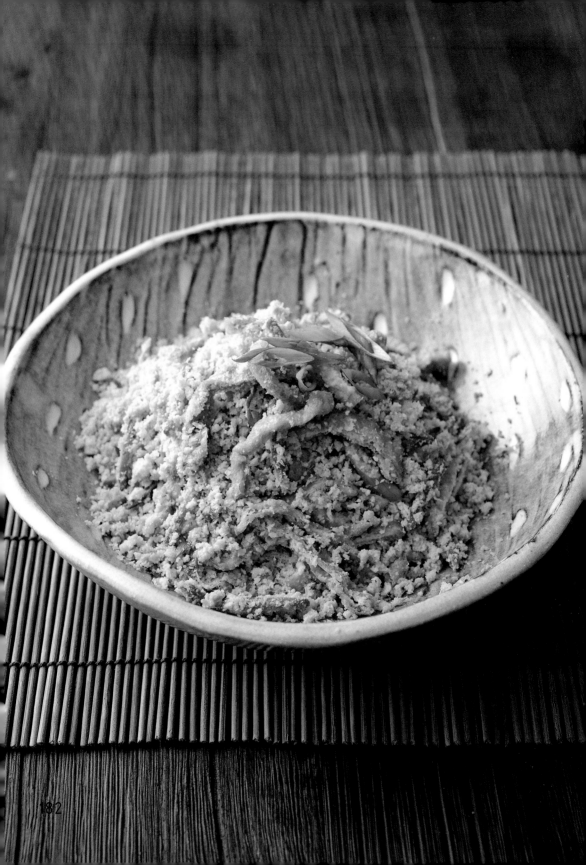

胡萝卜油豆腐拌炒豆渣 卯の花

食材

胡萝卜 ———— 25g
油豆腐皮 ——— 50g
豆渣 ———— 100g
葱 ————— 2 支

调味料

高汤酱油 - 4 小匙
糖 ———— 1 小匙
清酒 ——— 1 小匙

point

豆渣为制作豆腐剩下
的副产品，日系超市
可购得。

做法

1 胡萝卜切丝（约 0.7cm 宽），油豆腐皮以滚水烫过
  后切长条（约 0.5cm 宽），葱斜切片。(a)

2 锅热后倒入 1/2 大匙的油，放入胡萝卜丝翻炒，再
  放入葱续炒。

3 放入油豆腐皮翻炒后，以 2 小匙高汤酱油调味，再
  加入 70ml 的水。

4 盖上锅盖，小火煮约 6 分钟，盛出后，汤汁另滤出
  备用。(b)

5 另热锅，倒 1/2 大匙的油，再倒入豆渣，转中小火
  以筷子拌炒，加入步骤 4 的汤汁。若有结块的豆
  渣，则以筷子拨散。(c)

6 豆渣拌炒后，加入糖略炒，再加入酒与 2 小匙的高
  汤酱油，以筷子炒至略干。(d)

7 放入之前的胡萝卜炒料，持续拌炒，若味道不够则
  再以高汤酱油调味，炒至干爽略有一点水分即可，
  最后加上葱绿。

中部地区料理的特色

　　铃木妈妈出生与成长都在名古屋，名古屋地区料理的最大不同与特色是味噌，既不是关西的白味噌，也不是关东的田舍味噌，而是味道重、颜色深的八丁味噌。八丁味噌仅以黄豆发酵，不加入米曲或麦曲，再加上长期熟成，所以甜味与香气与其他味噌不同。

　　名古屋地区的味噌汤多是以八丁味噌调味，铃木妈妈做的味噌汤也是这样，但铃木妈妈表示，自己平常做的菜倾向于关西的味道，也就是"淡味"。淡味料理强调食材的原味，所以在调味上较清淡，倾向于关西（大阪、京都一带）地区的调味，因为如此，平日家里常备的味噌除了名古屋地区的八丁味噌，也有京都白味噌。铃木妈妈所使用的酱油多为关东地区惯用的浓口酱油，但在调味上却非名古屋传统的厚味，而是关西的淡味。

　　名古屋不属于关东或关西，在地理上是中央区。中央区以名古屋为中心向外发展，其食材或调味料倾向于从关东、关西两地取材，如果说，关西地区厨房内的酱油有淡口酱油与浓口酱油，关东的厨房只有浓口酱油，那么，名古屋的厨房内则常备各式各样的酱油。其中，从名

古屋发明出来的酱油为白酱油，名古屋人爱用酱油调味的习惯也甚于其他地区，从调味料与实际研究来看，名古屋料理重甜味与浓郁风味，其地道的浓厚味道更甚于关东。

早期名古屋养鸡行业兴盛，最有名的食材是土鸡及其鸡蛋，除名古屋之外，鸡蛋较容易在东京、大阪等大城市的超市买到，但也不是太多，如果是名古屋土鸡，则几乎只能在名古屋品尝到。名古屋土鸡是日本原生土鸡中最早发展的品牌，在明治初期由名古屋土鸡与中国九斤黄土鸡交配而得，后来因为肉鸡便宜，导致名古屋土鸡渐渐在市面上消失，一直到20世纪70年代，日本又开始追求食材的品质而恢复饲养名古屋土鸡。

如果到名古屋旅游，可不要错过"名古屋饭"（日文：名古屋めし、なごやめし，Nagoyamesi）。1980年后的泡沫经济时期，为了推广名古屋的料理而发明出此名词，只要是名古屋特色的料理，均以"名古屋饭"推广至全日本。"名古屋饭"包含许多料理，如以八丁味噌所烹煮的乌冬面味噌煮（味噌煮迂みうどん，Misonikomi-Udon），这是将粗乌冬面先煮至半熟，再移入有八丁味噌与高汤的砂锅中，加入鱼板、大葱、油豆腐皮等配料烹煮而成，连同砂锅上桌，掀开锅盖，八丁味噌香气扑鼻，热汤滚滚，搭配粗条乌冬面非常对味。有名的"名古屋饭"还有宽面（きしめん，Kisimen）、药味鳗鱼饭（ひつまぶし，Hitsumabusi）、炸虾天妇罗饭团（天むす，Tenmusu）、味噌猪排饭（みそかつ丼，Misokatsudon）等。

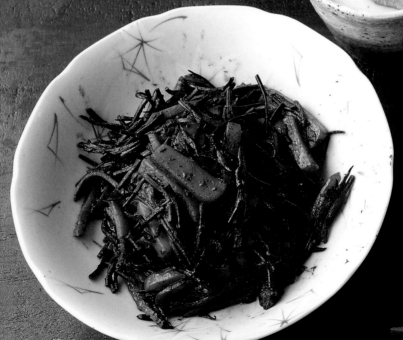

茶碗蒸
茶碗蒸し

羊栖菜煮物
（胡萝卜、油豆腐、魔芋、香菇）
ひじきの煮物

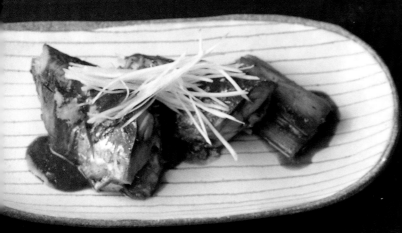

鲭鱼味噌煮
鯖味噌煮

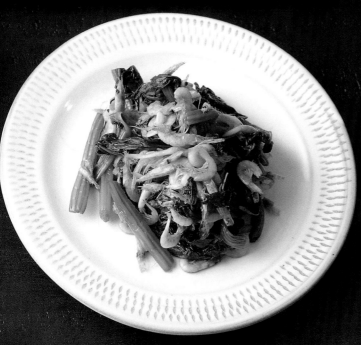

菠菜佐樱花虾
ほうれん草と桜えびのおひたし

187

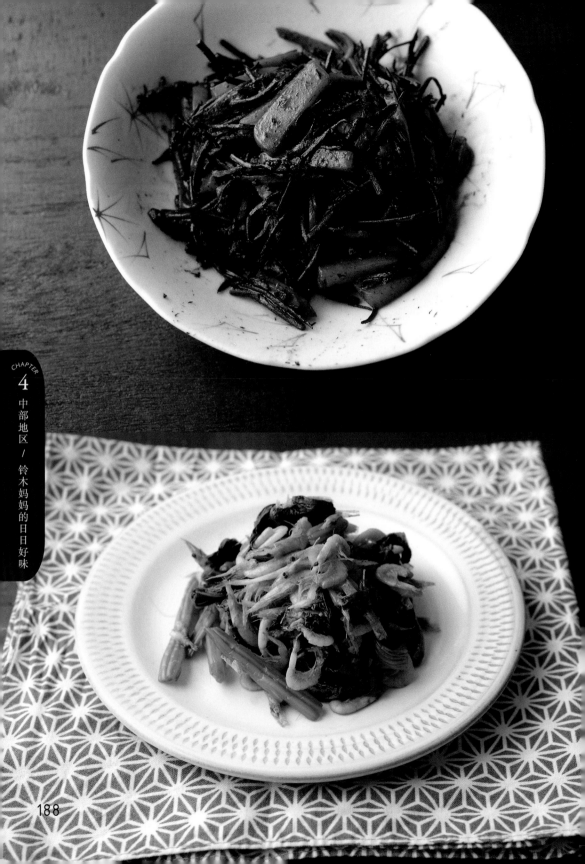

羊栖菜煮物
(胡萝卜、油豆腐、魔芋、香菇) ひじきの煮物

食材（2 人份）

干燥羊栖菜 ·············· 8g
胡萝卜 ······················ 20g
油豆腐皮 ·················· 15g
魔芋 ·························· 35g
泡过水的香菇 ······ 15g

调味料

芝麻油 ··············1/2 大匙
味醂 ·················· 1 小匙
浓口酱油1 又 1/2 大匙
糖 ························ 5g
柴鱼昆布高汤 ······少许

做法

1 羊栖菜与香菇分别泡水至软。(a)

2 胡萝卜切丝，魔芋切粗丝（魔芋的预处理请参阅 P28），油豆腐皮以滚水烫过后也切丝，泡软的香菇切丝。

3 锅热后倒入芝麻油，再放入泡软沥干的羊栖菜翻炒。

4 步骤 2 的食材也放入一起拌炒，再加入泡香菇和羊栖菜的水。

5 维持中火，拌炒后盖上锅盖，烧煮约 5 分钟。

6 加入糖略炒后，放入味醂、酱油与少许高汤续炒，烧煮至收汁即完成。(b)

菠菜佐樱花虾 ほうれん草と桜えびのおひたし

食材

菠菜 ··················· 80g
新鲜樱花虾 ······ 25g

调味料

浓口酱油 ········· 5ml
高汤酱油 ········· 5ml
味醂 ··············· 3ml

做法

1 菠菜烫熟后挤干水分，切段，以浓口酱油调味，拌匀备用。

2 新鲜樱花虾以滚水淋烫，沥干。(a)

3 菠菜挤干水分与酱油，与樱花虾放入碗中。

4 以高汤酱油与味醂调味即完成。(b)

189

鲭鱼味噌煮 鯖味噌煮

食材

鲭鱼 ·············· 150g
姜 ·················· 15g
葱 ·················· 30g

调味料

八丁味噌 ········· 10g
白味噌 ············ 15g
清酒 ············ 2 大匙
糖 ················ 10g
昆布水 ········· 60ml

做法

1 姜切片,鲭鱼表面划十字刀,葱切段。(a)

2 锅中放昆布水、酒,滚后放入糖。

3 鲭鱼放入锅内,姜片与葱段也放入,用烘焙纸（详细做法请参阅 P29）贴在食材表面,煮 20~30 分钟。(b)

4 将八丁味噌溶于 50ml 的热水中,再倒入锅内,煮约 10 分钟或入味即可。

茶碗蒸 茶碗蒸し

食材（2 人份）

干香菇 ················· 10g
鸡蛋 ···················· 1 颗
去骨鸡腿肉 ····· 25g
鸭儿芹 ·············· 1 根
鱼板 ···················· 2 片

调味料

柴鱼昆布高汤 75ml
白酱油 ··········· 1 小匙
清酒 ··············· 少许
盐 ················· 适量

做法

1 干香菇泡软后，切丝。

2 鸡腿肉切一口大小，淋少许酒略搓揉。**(a)**

3 鸭儿芹切段，鱼板切片。

4 鸡蛋打散后与高汤、10ml 的香菇水、盐拌匀，以白酱油调味。

5 在杯中依序放入鸡肉、香菇、鸭儿芹、鱼板后，再倒入蛋汁。

6 杯子覆盖保鲜膜后，放入蒸锅，中小火蒸约 10 分钟，再焖 7~8 分钟即完成。**(b)**

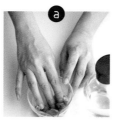
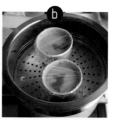

PART 6

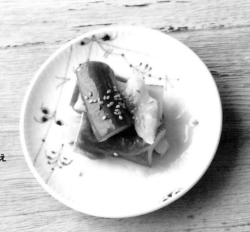

麻油小黄瓜
きゅうりのごま油和え

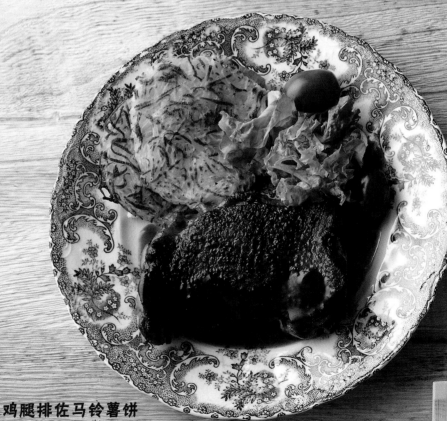

鸡腿排佐马铃薯饼
鶏の照り焼ハッシュドポテト添え

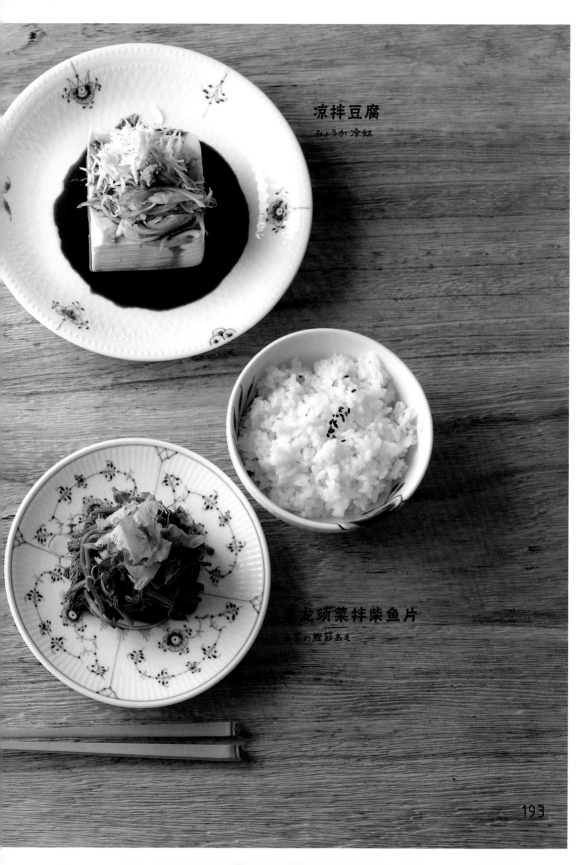

凉拌豆腐
みょうが冷奴

龙须菜拌柴鱼片
山菜の鰹節あえ

193

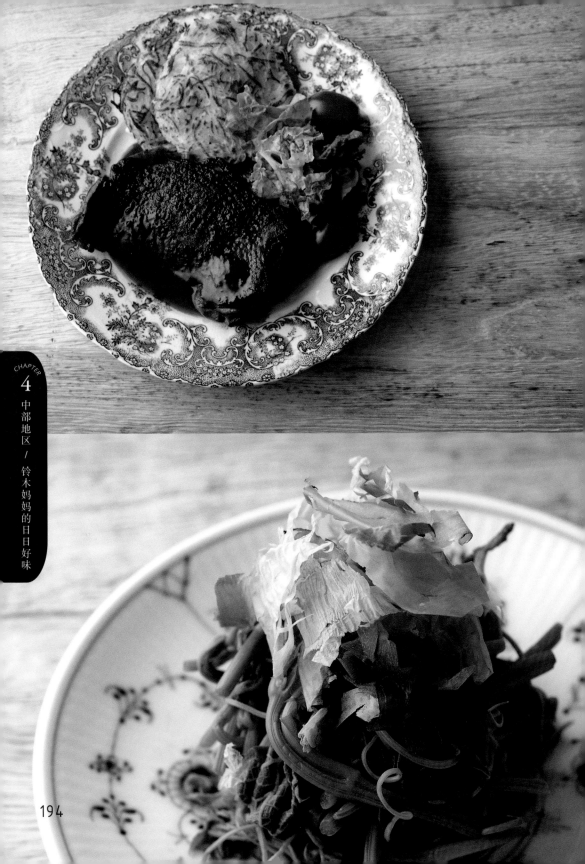

鸡腿排佐马铃薯饼 鶏の照り焼ハッシュドポテト添え

食材

去骨鸡腿	235g
马铃薯	110g

调味料

糖	1/2 小匙
盐	少许
黑胡椒	少许
味醂	1 小匙
淡口酱油	1 大匙
无盐黄油	少许
生鱼片酱油	1/2 大匙

做法

1 鸡腿排较厚部分划刀；马铃薯去皮切片后切丝。(a)

2 在鸡腿排上撒盐及黑胡椒后，鸡皮面朝下放入平底锅。

3 另一锅放入少许油，将马铃薯丝放入，围拢成饼状，两面煎至金黄，以盐和黑胡椒调味，起锅前再放入黄油。(b)

4 鸡腿两面煎熟后，放入糖，摇锅使糖略溶，再放入15ml 的水、味醂、酱油，需两面翻煎使鸡肉吃入酱汁。(c)

5 最后以生鱼片酱油调味，放入黄油。盛盘后将马铃薯饼放置一旁。(d)

烫龙须菜拌柴鱼片 山菜の鰹節あえ

食材

龙须菜	100g
柴鱼片	适量
浓口酱油	1 大匙

调味料

高汤酱油	1/2 小匙
味醂	1/4 小匙

做法

1 龙须菜切掉粗梗于滚水中烫熟，取出过冷水后切段。(a)

2 挤干水分，放入浓口酱油，拌匀后放置 5~10 分钟使之入味。

3 再挤干龙须菜水分，以味醂及高汤酱油调味。

4 盛盘后放上柴鱼片即完成。

凉拌豆腐 みょうが冷奴

食材

绢豆腐 ———— 200g
茗荷 ————— 半颗
吻仔鱼 ———— 3大匙

调味料

淡口酱油 —— 适量
（或浓口酱油）

做法

1 茗荷切丝或薄片。

2 将茗荷与吻仔鱼放于豆腐上，再淋上酱油即完成。

point

1. 这是道简单的料理，简单的料理一定要用好品质的食材才能做出不凡的好味道，要做凉拌豆腐请一定要用有豆香味的好豆腐，不是那种大量制作的无香味豆腐。

2. 夏天时也可增添姜泥，这样更够味。

3. 这道料理若使用P17介绍的鲁山人酱油，更能提升料理的美味度。

麻油小黄瓜 きゅうりのごま油和え

食材（2 人份）

小黄瓜 65g
白芝麻 .... 少许

调味料

盐 .... 适量
糖 .... 1/2 小匙
芝麻油 1 又 1/2 小匙

point

此处使用日本制深色芝麻油（已焙煎过的芝麻所榨出的油），非太白胡麻油。

做法

1 小黄瓜以盐搓揉表面后清洗。(a)

2 小黄瓜切段后，以刀背拍碎，勿拍得太碎，再切掉籽。(b)

3 放入碗中，加入糖，拌匀至糖溶化后再加入芝麻油。

4 盛盘后撒上少许白芝麻即完成。

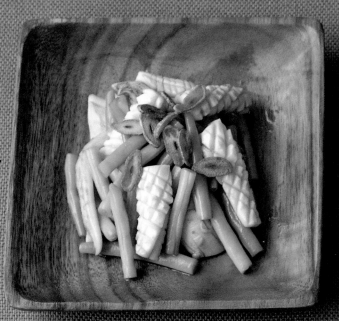

醋拌透抽四季豆
いんげんとイカの和えもの

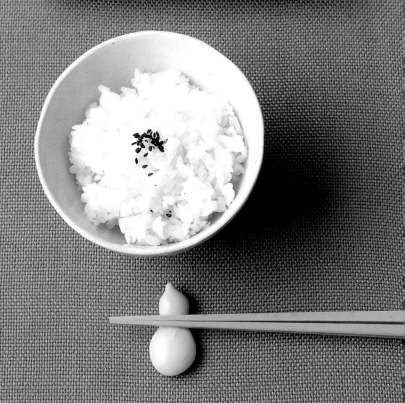

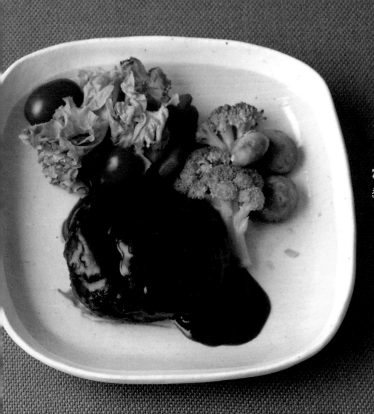

炖煮汉堡排
煮込みハンバーグ

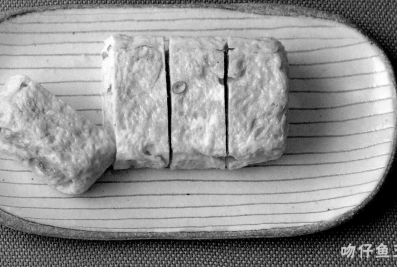

吻仔鱼玉子烧
ちりめんじゃこ卵焼き

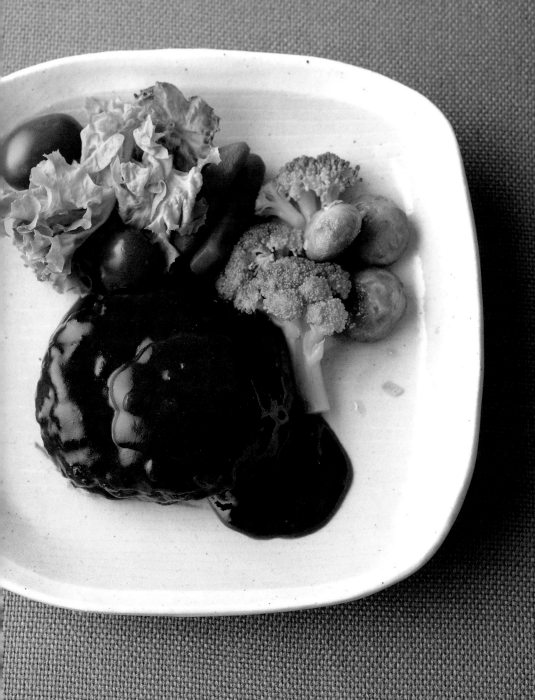

炖煮汉堡排 煮込みハンバーグ

食材（2 人份）

牛绞肉 ———————— 190g
洋葱 ———————————— 190g
较干的面包 ———————— 25g
（磨成粉后）

鸡蛋 ————————————— 1 颗
牛奶 ————————————— 45g
市售烩牛肉块 ————— 90g
水 —————————————— 600ml
蘑菇 ———————————— 5 朵
胡萝卜 ————————— 100g
西兰花 ———————— 5 朵
小番茄 ———————— 2 颗
生菜沙拉 ————————少许

调味料

盐 ——————————————少许
黑胡椒 ————————少许
无盐黄油 ———————— 10g
糖 ——————————————— 5g

point

以铸铁锅炖煮时间较短，如以一般锅子炖煮则时间加倍。

做法

1 将面包打成粉状后，倒入牛奶拌匀。

2 起油锅以中小火将洋葱末（100g）炒至焦糖化（深黄色）。

3 焦糖洋葱放冷后，加入牛绞肉、步骤 1 材料、鸡蛋、盐与黑胡椒，混拌均匀。(a)

4 将步骤 3 分成数等份做成汉堡排，肉团中间做出稍微凹陷的样子。(b)

5 起油锅，将汉堡排表面煎至金黄。(c)

6 另在炖锅中炒香洋葱丝（90g）、胡萝卜块，加入水600ml 后放入烩牛肉块。(d)

7 待烩牛肉块完全溶解后放入汉堡排炖煮，小火炖约15 分钟（铸铁锅时间）。(e)

8 另起锅以无盐黄油（5g）炒香蘑菇后倒入炖锅内，再炖约 10 分钟即可。

9 另备一小锅滚水，放入糖与黄油（5g），将西兰花放入烫熟，起锅后撒少许盐。

10 盛盘，汉堡排旁放上西兰花、小番茄与生菜。

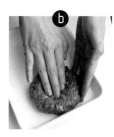

醋拌透抽四季豆 いんげんとイカの和えもの

食材

透抽 ────── 120g
四季豆 ───── 120g
大蒜 ─────── 1 颗

调味料

黑醋 ─────── 1 大匙
淡口酱油 ── 1 小匙
糖 ──────── 1/2 小匙
味醂 ────── 1/2 小匙
盐 ───────── 少许

做法

1 小锅中放入色拉油，开中小火将蒜片煸香，再将蒜油倒入碗内，放凉备用。(a)

2 四季豆切段（约5cm）；透抽切片，并在表面划格子刀。(b)

3 起一锅滚水加入盐，将四季豆烫至熟软，再捞出过冷水。

4 放入透抽烫至六七分熟，捞出沥干。

5 在蒜油（15~20g）中加入糖、黑醋、味醂与酱油，再与透抽、四季豆拌匀即完成。

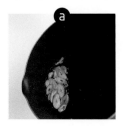

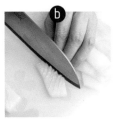

吻仔鱼玉子烧 ちりめんじゃこ卵焼き

食材（2人份）

鸡蛋 4颗
葱末 30g
吻仔鱼 30g

调味料

面味露 5ml
水 50ml

做法

1 鸡蛋打散与水、面味露、葱末混合均匀。

2 加热玉子烧锅，倒入蛋汁后，铺上 1/3 量的吻仔鱼，再卷起煎蛋。(a)

3 第二次与第三次放入蛋汁后分别放入 1/3 量吻仔鱼（玉子烧详细做法请参阅 P43）。

4 最后一次放入蛋汁后不需放吻仔鱼，直接做成蛋卷即完成。

203

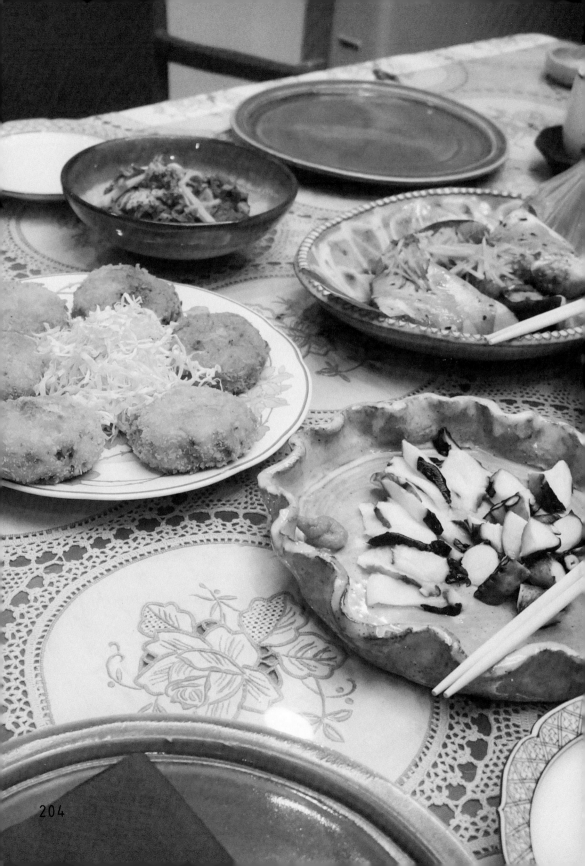

《餐桌上的香料百科》

68 种香料 100 道料理
从单方应用到复方搭配，从经典
食谱到创意灵感，用天然的植物
调味，找出与食材的完美结合，
料理出最迷人的味道。

《餐桌上的调味百科》

这是一本厨房必备的"完美调味
百科"。
从调味料的单一应用、到复合的
酱料调制，只要掌握食材与调味
的搭配精髓，就能组合出数百种
美味秘方，做出对味的料理！

《自己腌：DIY 腌萝卜干、梅干菜、酸白菜、笋干、咸猪肉等 34 种家用做菜配料》

34 种天然、简单、自己腌制的配料，适合烧成各种变化菜色，不但留住季节的美味，也是烧菜最好的提鲜配料，吃起来更是放心。

《自己酿：DIY 酿酱油、米酒、醋、味噌、豆腐乳等 20 种家用调味料》

20 种调味料的制作过程都有详细的步骤图解，材料简单，做法容易，让每个人跟着做就会成功。更能掌握一种酱料变化数十种风味的美味秘诀。

北京市版权局著作权合同登记号：图字 01-2016-1528 号

图书在版编目（CIP）数据

地道日式家常味：来自日本家庭的 82 道暖心料理 / 郭静黛著 . -- 2 版 . -- 北京：华夏出版社有限公司 , 2024.6
ISBN 978-7-5222-0723-0

Ⅰ.①地… Ⅱ.①郭… Ⅲ.①家常菜肴 - 菜谱 - 日本 Ⅳ.① TS972.183.13

中国国家版本馆 CIP 数据核字 (2024) 第 111771 号

地道日式家常味：来自日本家庭的 82 道暖心料理

著　　者	郭静黛	
责任编辑	李春燕	
美术设计	殷丽云	
责任印制	周　然	

出版发行　华夏出版社有限公司
经　　销　新华书店
印　　刷　北京华宇信诺印刷有限公司
装　　订　三河市少明印务有限公司
版　　次　2024 年 6 月北京第 2 版
　　　　　2024 年 6 月北京第 1 次印刷
开　　本　710×1000　1/16
印　　张　13
字　　数　200 千字
定　　价　79.00 元

华夏出版社有限公司　网址：www.hxph.com.cn　地址：北京市东直门外香河园北里 4 号　邮编：100028
若发现本版图书有印装质量问题，请与我社营销中心联系调换。　电话：(010) 64663331 (转)

U0193437

地道日式家常味

来自日本家庭的 82 道暖心料理

郭静黛 著

华夏出版社

HUAXIA PUBLISHING HOUSE